大腦喜歡這樣行銷

THE POWER OF INSTINCT
THE NEW RULES OF PERSUASION IN BUSINESS AND LIFE

和潛意識合作，
創造多層次好感，
成為顧客的直覺首選

萊斯莉・詹恩 Leslie Zane —— 著　　許恬寧 —— 譯

本書獻給我無與倫比的父母：
夏洛特（Charlotte）與皮耶‧皮考特（Pierre Picot）。
他們教我要對權威抱持適度的質疑，
也教會我天下無難事，只怕有心人。

人們不是出於需要或忠誠而購買；

他們憑的是直覺。

CONTENTS

引言
贏得顧客腦中的競爭戰　　　　　　　　　　　9

01
意識型行銷模式已死　　　　　　　　　　23
傳統的說服法猶如逆水行舟，這是為什麼你需要從後門溜進去。

02
瞄準直覺中心　　　　　　　　　　　　　45
你的選擇不是由你控制，而是品牌連接組在掌舵。

03
找出直覺選擇的捷徑　　　　　　　　　　69
你無法強迫人購買你的品牌，但可以改變他們的直覺行為。

04
破除負面聯想的詛咒　　　　　　　　　　91
市場環境不會扯你品牌的後腿，負面聯想才會。

05
善用雪山效應　　　　　　　　　　　　　119
熟悉感的力量勝過獨特性，但區別度的威力才是最為強大。

06
多層次勝過單一焦點
單一品牌訊息會扼殺成長,多重訊息才能加速推進。 145

07
潛意識渴求不切實際的幻想
人們會說他們想要合乎現實,但他們總是憑著直覺選擇美夢。 167

08
引進新客群
仰賴既有顧客將落入陷阱,不買你品牌的人才是成長的來源。 193

09
拋下行銷漏斗
掙脫行銷漏斗的束縛,一夕之間建立品牌。 213

10
打造不朽的品牌
沒有所謂的「品牌生命週期」。
只要妥善呵護品牌,就能千秋萬代。 233

結語
巧用直覺的力量取勝 257

致謝 267
參考資料 271

---- 引言 ----

贏得顧客腦中的競爭戰

　　人類這種生物耳朵很硬，固執己見，生性多疑，抗拒改變。在1980年代，嬌生公司嬰兒照護產品團隊的品牌經理，焦頭爛額多年，試圖拯救衰退的業績。其他的自有品牌頂著和嬌生類似的水珠LOGO搶佔市場，就連美能嬰兒魔法（Mennen Baby Magic）這個牌子也來分一杯羹。嬌生試圖還擊，推出強調大人小孩都適用的新產品，打起「關懷永不止息」的溫情牌廣告，卻徒勞無功，市佔率照樣節節下滑，眾人一籌莫展。

　　嬌生公司顯然碰上了問題。對這間消費品與製藥巨人來說，除了泰諾止痛藥（Tylenol）之外，嬰兒洗髮精就是最耀眼的明星商品。然而，情況有些不對勁。嬌生自創業以來，嬰兒產品的廣告公式大同小異，宛如壁紙：畫面總是模仿聖母懷抱聖嬰的傳統姿勢，由一個年輕媽媽抱著小孩。其他的圖案則全是異端邪說。不過，當時年紀尚輕、任職於嬰兒照護行銷團隊的我注意到一件事：大街上有**爸爸**推著嬰兒車的時候，媽媽們的「回頭率」很高。

我研究量化**趨勢**，發現父親參與育兒的程度愈來愈高。我也做了態度量表測試，在一大堆的選項裡，爸爸溫柔照顧孩子的描述，最深得媽媽們的心。於是我換上1990年代女性版的商務菁英打扮，套上高跟鞋，打好領結，換好裙裝，雄赳赳氣昂昂走進上司的辦公室宣布：「我知道要怎麼做才能挽救業績了。」上司看起來興趣缺缺，但我胸有成竹：「我們需要打出史上第一個以爸爸為主角的嬰兒產品廣告。」我露出勝利的微笑，期待上司會感到天降神兵，宛如四周放起煙火。**就是它了**。這是一生一次、青史留名的點子。

然而，上司澆了我一頭冷水，他只說了三個字：「你瘋了。」我還來不及反駁，上司便滔滔不絕說著：「買產品的人是媽媽，不是**爸爸**。沒有研究顯示，媽媽想看到爸爸在照顧嬰兒。就算我們真的做了這方面的研究，也沒有證據顯示就能幫到銷量。」上司一講完，就把我推出他的辦公室。

我不願就此罷休，一有機會就推銷這個點子。我說明我們能成為寫下歷史的公司，率先從打破傳統的視角推銷嬰兒產品。我費盡唇舌，依舊沒人買帳。我那一年的績效評估報告上，寫著這輩子都忘不了的評語：「萊斯莉過分狂熱，一直想把父親放上廣告，顯示她過分專注於執行層面的行銷，缺乏策略性思考。」我待過貝恩策略顧問公司（Bain & Company）、哈佛大學，後來又進了寶僑，每家公司與機構都告訴我，策略性思考是我的超級強項,我甚至把自己定位為策略思考者。如今績效評估卻出現這種評語,令我大受打擊。不過,我還是沒放棄,在團隊會議、一對一談話與飲水機旁,照樣不斷提起這個點子,死纏爛打。

公司最終讓步了。究竟是因為真心看好我的想法,或是被我煩夠了,已經無從考證,總之上面放行了。嬌生的嬰兒洗髮精廣告,首度有爸爸露面。結果呢?那支廣告創下公司史上最高的收視率,業績也開始有起色,管理階層欣喜若狂。

我因此獲得自己的第一個超級提示:通往消費者潛意識的後門,可以改變一間公司的走向。讓爸爸來替嬰兒洗頭,而不是交給媽媽,運用了熟悉的聯想——關懷、溫柔、呵護——但這次是以令人耳目一新、效果也無與倫比的新鮮方式。這下子品牌連結的不只是關懷,還象徵著進步的觀念。

新廣告展現出男性心思細膩的一面。每個媽媽都想要有這種會親自照顧孩子的丈夫,讓很需要休息的她們能有喘息的時刻。此外,強健的男性身體與嬌嫩寶寶的對比,在視覺上也十分吸引人,能滲進人們的腦海,建立起記憶結構。雖然廣告表面上是在販售嬰兒洗髮精,但其實在潛意識的層面,能把前述的正面聯想都附加到品牌之上,而這種現象又與銷售成績直接相關。

那次的經驗讓我深刻體會到,不論怎麼努力,我們無法**說服**任何人任何事。人們的選擇不是基於有意識的思考,个是依據事實來做決定,甚至不是依據他們自認的需求而定;人們購買產品或服務,也不是出於忠誠度或情緒。絕大多數的決策,來自潛意識中的直覺選擇中心,不論是我們偏好的瓶裝水品牌,或是投給哪一位總統候選人,全都一樣。這就像在漆黑的房間,燈泡突然亮起——我們眼睛睜大,一切瞬間映入眼簾,無須多想。

我為了簡化複雜的人類決策,把大腦的兩種機制稱為意識腦(conscious mind)和潛意識腦(unconscious mind)。雖然大腦其實是以整體的方式運行,但潛意識腦對我們日常的決策影響最大。

這個概念對許多人來說違反直覺,因為長久以來,我們自認做的是有意識的決定。在行銷界和廣告界,這個觀念尤其根深柢固,光是在美國,相關產業的價值便超過3,500億美元。行銷部門、廣告業者,以及各式各樣的研究和諮詢公司,基本上還在用20世紀中葉的規則影響受眾,但那個年代還沒有人意識到,我們實際上是如何做決策的。

從如何販售產品與服務,到如何提出主張,舊有的行銷原則深深影響著我們社會認為該如何行事,難以撼動,就連小孩也把這些原則視為不成文的法則。我兒子12歲那年參選班長,他堅持競選海報必須放上**獨特**的訊息和視覺元素。這條行銷入門原則太深植人心,以至於我們認為任何東西都該如此行銷,但實際上,人類的大腦天生會連結**熟悉**的事物,而非獨特的事物。

傳統行銷及其對我們整體文化的影響,讓我們誤入歧途,相信意識是可以說服的,誤以為套用經典的行銷規則準沒錯。然而,我必須說沒這回事,因為意識腦生性多疑,能察覺自己是行銷的對象,而且也抗拒改變。

此外,哈佛商學院教授傑若德・查爾曼(Gerald Zaltman)與行為經濟學家丹尼爾・康納曼(Daniel Kahneman)的研究顯示,大約只有5%的決策來自意識腦。想一想,這個數據可真驚人,也就是說,我們95%的選擇都是由潛意識腦所做。即便如此,商業、政治和廣告的世界,照樣處處仰賴意識型的行銷模式。從寶僑的行銷部門到全球各地的MBA課程,相關的概念仍在各地被納入體制、傳授與執行,但這種做法有如緣木求魚。

在過去五十多年間,行銷人員遵守那套傳統的說服模型,認為只要努力提出更多論述、用訊息轟炸民眾、和競爭者拚燒錢,便能主導市場。然而,我們已經進入新時代:如今是**直覺的年代**。從文藝復興到工業時代,再到科技革命,如同歷史上其他的文化轉變期,一切都是由某個領域的重大進展所推動,這次也不例外。今日的重大進展是我們對於人類大腦的理解,相關影響遍及當代生活的所有領域,從經濟、政治、教育到醫療保健,無所不包。

許多人無法接受這個事實:傳統的意識模型行銷法已經過時。事實上,企業、政治人物、非營利組織和各行各業的領導者,遵循著大多無效的過時方法。那種方法**違反**大腦的運作方式,也難怪許多行銷與廣告的投資報酬率不高;這也解釋了為什麼在2009至2019年間,前一百大廣告公司的業績成長衰退4%。即使你可以放聲叫賣,但人們終究會充耳不聞;就算你可以不斷擴大折扣,但你最終會形同免費贈送產品或服務。拋下舊式說服模式的時間到了,我們需要擁抱新模式,從人腦真正的運作方式著手。

行為科學的成熟

我在寶僑展開行銷生涯，日後又進入嬌生。我很快就意識到，當你身處大企業，人們期待你遵守傳統的正統行銷理論。我的想法不同於其他人，例如我主張不能盡信民眾在調查中**說的話**、簡潔提示的效果會勝過直接勸說，以及成功的品牌能勾起消費者的多種聯想，不會只想到單一的品牌識別特徵。這些想法和我的研究慢慢匯聚成一個模型，它與傳統的行銷模型截然不同，也與寶僑的培訓核心背道而馳，因而不太受歡迎。

如同大部份跳脫傳統思維的人，尤其是女性，當我提出非正統的觀點時，人們通常嗤之以鼻，但我沒有放棄，感到不說不行。在我職涯早期，我待過的不少公司品牌陷入停滯，但似乎沒人知道原因。我身處全球各大行銷重鎮的中心，任職於以品牌管理聞名於世的企業，卻沒人知道如何讓業務持續壯大。如果連這群菁英中的菁英也不知道如何能帶來永續的成長，到底有誰知道？

我目睹一個又一個品牌經理，試圖破解顧客轉換率（customer conversion）與業務成長的謎題，但結果全是在碰運氣。他們過度依賴優惠券、買一送一和顧客獎勵計劃之類的促銷誘因；此外，即便一次次不符合市場結果，他們依然盲目接受消費者在調查中講的答案。政治競選活動也有相同的情形：民調指向一個方向，投票結果卻是另一回事。情況撲朔迷離，沒人真正知道，到底為什麼人們會選擇某個品牌、投票給某位候選人，或是支持特定的理念。

我因此找上消費者,仔細聽他們信心滿滿的說明,為什麼是某某品牌的忠實顧客。我發現,如果觀察他們實際的行為,例如他們上超市做了什麼,就會覺得他們提出的理由似乎被拋到了腦後。他們會進入自動導航模式,自然憑著直覺做出選擇。既沒有多想,也沒有「理由」,就只是伸手拿商品。

雖然消費者會解釋為什麼每次到了店內,他們會拿起同一個牌子的肥皂或穀片,但實際上他們是**做出選擇後**,才把那個選擇合理化。關於挑選某個品牌的原因,人們在研究中的說法,很少符合選擇背後真正的驅力。人們捐錢給特定的慈善機構,或是投給甲政黨、不投給乙政黨,道理也是一樣的,背後都有更深層的因素在運作。

我在1995年自立門戶,創辦觸發點公司®(Triggers®)。觸發點是史上第一間奠基於行為科學原則的策略顧問公司,也是第一家由女性創立、屹立至今的品牌策略研究公司。自那時起,我和同事與我待過的《Fortune》500大企業密切合作,協助他們持續改變一般顧客與長期客戶的直覺式購買行為。從麥當勞、保樂力加(Pernod Ricard)酒類集團、百事可樂公司到瑪氏食品(Mars),我們旗下的策略專家團隊引導頂尖的企業,邁向更快速、更持久的成長。結果清楚擺在眼前:客戶如果徹底落實我們的建議,成長率是前一年的兩到三倍。

不過,這不代表我們一路走來順風順水。在許多方面,我們大約領先了時代二十年。當我們在談潛意識層面運作的認知捷徑時,還要過了很久之後,行為科學才開始進入商業世界和流行文化。丹・艾瑞利(Dan Ariely)的《誰說人是理性的》

（*Predictably Irrational*）要到2008年才上市，康納曼的《快思慢想》(*Thinking, Fast and Slow*）則是2011年才出版；即使這些書問世了，也並未真正改變領導者經營業務的方法。行為經濟學仍然被視為某種利基做法，雖然有趣，但畢竟不是打造品牌的必要元素。

不過，在過去十年間，人們對行為科學的興趣大增。每一間頂尖的顧問公司和廣告公司，全都把行為科學家的電話號碼存成快速鍵，甚至是直接招募進公司。《Fortune》百大企業開始更常追蹤心智可得性（mental availability）的元素，依據情境顯著性（situational salience）、類別相關性（category relevance）與區別性（distinction），評估品牌的健康度。不過，相關做法主要還停留在理論的層次，也難怪42%的行為科學家表示，很難在組織裡施展拳腳。

我們的觸發點公司很幸運，能把真實世界當成實驗室。我們獲得難得的機會，和最具前瞻性的行銷主管和市場洞察領導者合作。他們對現狀感到沮喪，渴望找到可靠的方法，實現大膽的改革。各行各業的客戶委託我們解決最大的品牌挑戰，我們別無選擇──勢必得改變競品用戶與非使用者的品牌相關行為。我們沒時間探索理論，只能行動，並從實踐的過程中，得知哪些做法確實有效。我們開始挖掘人們如何做選擇的祕密，找到人類決策的指揮控制中心，進而發現我們全都有能力改變任何人的心意──即便對方的直覺看似牢不可破。大腦內建的實體神經路徑，形成了我們的聯想與記憶，只要能善用既有的神經路徑，並建立新的，就有可能影響人們的決策，在任何領域邁向成功。

我們全是行銷人員

每一天,我們每個人都在努力「推銷」某樣東西給別人。或許是推銷產品或服務,也可能是在工作或課堂上推銷想法、建議約會要去哪裡吃晚餐,或是在即將到來的選舉,投票支持或反對某些主張;也或者,我們推銷的是自己的人品、技術或經驗。實際上,我們全是行銷人員。不論是試圖擴展業務或個人品牌、替候選人助選,或是讓人接受你的點子、支持某個社會理念,你都需要以建立品牌的方式來推動。

如果品牌要在市場上被人接受、取得成長,首先必須在消費者的心中佔有愈來愈大的一席之地。這個關鍵的環節正在改變眾家企業的動力關係。大約有85%的執行長不信任自家的行銷長,認為他們過分專注於華而不實的創意,忽視業績表現。事實上,許多領導者認為,品牌發展是自成一格的領域,對營收與市佔率成長的直接影響有限,但這些觀念與事實相去甚遠。公司財務的成敗,取決於能否在消費者的腦海中,成為趨之若鶩的大品牌。

從一開始,我和團隊就在行銷和廣告中運用認知捷徑,讓競爭者的用戶轉而投向我們客戶的品牌。我們證實人們的選擇與其說是消費者導向,不如說是「大腦導向」(brain driven)。我們透過替客戶建立心智可得性,讓潛在的顧客想買東西時,能認出或想到客戶的品牌,確保他們的品牌會是消費者的首選。我們的藍籌股客戶對新方法的成效深感訝異。他們先前曾耗費數百萬美元,聘請大型的全球顧問公司(規模比我們大千倍),卻徒勞無功。然而，用了我們的方法後，他們終於成功讓市佔率快速提升，而且只費了九牛一毛的成本與力氣。

我們的焦點沒放在拚市場上的貨架空間，甚至不爭廣告曝光佔有率（share of voice），而是專注於贏得顧客腦中的競爭戰，確保客戶的品牌能獲得「直覺優勢」（Instinctive Advantage™）。傳統的競爭優勢理論認為，人們做決定的依據，在於產品與服務的實際成本與產品差異化，但其實不是的。雖然真實的世界會影響我們，但真正重要的現實，只有我們腦中的那一個。在競爭優勢理論成形的年代，商業領導者認為，人們會有意識的依據現實做出決定，但實際情形一次又一次證明，人們的認知怎麼看，比事實是什麼更重要。取得直覺優勢是進化版的競爭優勢，背後的依據是應用行為科學。這種科學證實，藉由觸及人們的直覺，你可以在任何領域成為第一選擇。一旦拋掉過去的思維，採納直覺行為的新規則，就能改變個人品牌、事業表現與人生走向。

進入無法進入的地方

組織常會遇上麻煩的原因，在於沒意識到消費者的潛意識腦發生了什麼事。當負面聯想在消費者的心中不斷累積，下場通常是與其他的產品或趨勢拉開距離——品牌沒能跟上變化的腳步、持續抓住消費者的心，逐漸被負面聯想淹沒，使得品牌足跡萎縮、營收成長下滑。大部份的商業領袖會認為，這樣的衰退是外力所致，包括經濟情勢、股市與全球不景氣。

但事實上，有不少公司儘管時機欠佳，市佔率照樣逆勢擴張，甚至碰上熱門的新對手時，還是能刺激成長。個中訣竅在於讓品牌在潛在客戶的潛意識裡壯大。反過來講，如果不關注人們的潛意識如何想你的品牌，你就無法得知品牌出了什麼事，直到為時已晚。潛意識腦或直覺腦才是最先出問題的地方，等到最終效應在市場上顯現時，往往會打得你措手不及。

接下來的章節會提供有科學依據、也經過實戰驗證的方法，解釋如何瞄準大腦中負責決策的區域。身為品牌策略顧問與行為科學的實踐者，我的職涯致力於理解人們如何做出選擇。我將說明如何透過獨一無二的系統性流程，拓展品牌在人們腦中的實體存在。

沒錯，實體存在：一個想法在大腦中佔據的神經連結愈多，力量就愈大。我們的做法直截了當，讓各行各業的公司得以運用消費者的記憶和聯想來增加銷售，而現在你也可以用來加速手頭上的任何工作。在以下章節，我將展示如何增加「品牌連接組®」（Brand Connectome®）*的實體大小和顯著性。品牌連接組正是位於潛意識的直覺選擇指揮中心。

人們最渴望的是獲得認可——他們想聽到自己是對的。那也是為什麼成功的唯一辦法，就是利用人們記憶中的熟悉錨點，與大腦合作，而不是反其道而行。這裡講的不是某種潛意識廣告，也絕對不是想辦法以更感性的方式溝通。你要做的是埋下種子，接著好好照料，增加實體足跡——這一切都發生在人們的

---

* 譯注：連接組是科學研究中，大腦裡所有神經連結的配置圖。

腦中。隨著這棵樹（品牌連接組）愈長愈大，你的事業、理念或點子也會跟著欣欣向榮，得以確保長期的成功。你不必費太大的力氣，就能讓人購買你的產品、投票給你支持的對象、做你想讓他們做的事情。

品牌連接組在消費者腦中的健康與大小，直接涉及公司的成長與損益表的健康狀態。當消費者腦中的正面聯想達到一定的程度，就會在「自動導航」的模式下購買你的品牌。這解釋了為什麼某些個人品牌能永續成長，其他的卻失敗。在政治的領域，這種現象解釋了為什麼選民在一次又一次的選舉中，自動投票給同一個政黨。對於企業而言，不斷成長的健康品牌連接組，絕對是達成財務目標的關鍵。

只要透過「成長觸發點®」（Growth Triggers®）增加正面的聯想，任何的品牌、候選人或點子都能自動成為首選。這是否代表人們會百分之百每次都選你？當然不是。消費者一般會在同類的商品中，幾種牌子都買買看，但這個方法能確保受眾更容易想起你，而不是你的競爭對手，使你更常成為他們的第一選擇。

本書不單是讓人一窺行銷產業或最新流行的大眾心理學，而是針對形塑世界的隱藏力量，讓我們有更透澈的理解，並提供我們應對之道。對於想擴大事業規模、加速社會運動進展的人而言，能以科學的方法運用直覺的力量，可說是意義重大，因為這使人得以減少投入的資源，同時獲得更大的影響力。

成功需要一套新的指導方針。我會在每一章分享新規則，我平日運用這些新規則協助新品牌起飛，也幫忙有根基但表現不佳的公司起死回生。一旦了解這些規則，你將以不同的視野看世界。我率先將行為科學應用於實務情境，從商業到政治，甚至是點子的推銷中，一次又一次見證確實有效。我也曾目睹有些公司摔得很慘，因為他們拒絕打破過往的行銷教條。

雖然我的經驗源自輔助《Fortune》500大的企業，但我提供的技巧同樣適用於提高個人效能、行銷小型事業、支持特定理念或候選人，或是爭取進入心目中理想的大學。本書摒棄過時的傳統行銷與說服規則，那些規則誕生於五十多年前，當時人們還認為是意識腦在影響決策，但實情並非如此。我們可能自認控制著自身決策，其實不然；我們因此需要一套新原則，背後的基礎是了解「潛意識為王」。

奠基於直覺的新原則，不同於舊規則，懂得與人們的大腦**合作**，而不是**對抗**，從而以更快、更有效的方式改變行為。理解此一概念不僅有助於建立品牌，當有人想利用你的潛意識，引導你做出有害無利的選擇時，還能幫助你識破其企圖。

不論是試圖建立下一個獨角獸企業的創業者、尋求加薪的求職者、提案的自由工作者，或是希望建立個人品牌、甚至是想成為社群意見領袖，你都需要新規則。如果你是《Fortune》500大企業的執行長、成長總監或行銷長，手上有困難的成長目標；或者，你是市場洞察總監，平日負責追蹤旗下品牌的心智佔有率、心智可得性或品牌健康度，本書終於能為你帶來成效顯著的方法了。你可以把本書當成第一本向潛意識腦行銷的操作手冊，運用相關的規則，加速實現各種機會：讓人們一次又一次在自動導航模式下購買、投票或貢獻心力。這種能輕鬆複製的方法，將確保人們在選擇時，根本無須選擇——一切都是直覺的反應。

01

意識型行銷模式已死

直覺規則：傳統的說服法猶如逆水行舟，這是為什麼你需要從後門溜進去。

　　安娜剛才的簡報出師不利。一身俐落白色套裝的她，走進自己寬敞的轉角辦公室，關上門，深深嘆了一口氣。她遊蕩到窗邊，望著中央公園的壯麗景象，想獲得幾分鐘的喘息。安娜在南卡羅來納州的工業小鎮長大，從小夢想能在紐約市生活與工作，但這一刻，她凝視著曼哈頓摩天大樓之間的綠意，開始懷疑是否做錯了選擇。

　　安娜近日剛加入美國前三大的化妝品公司，原以為是被聘來轟轟烈烈大幹一場。公司在5,000億美元的美容產業裡，一度是市場龍頭，之後卻一路從第一名掉到第三名，過程灰頭土臉。安娜在面試時，公司的北美區總裁（也是她後來的上司）詳細說明旗下的品牌急須重新定位。他希望見到新穎的點子與創新的手法，還需要有人來「啟動成長」。他認為安娜就是那個人，而這位產業新星結束面試時,也感到雙方一拍即合。

然而,在早上的那場簡報,安娜主張公司樹立的超級名模形象,過於遙不可及。品牌需要深入模特兒的私人生活,展示她們在變美過程中遭遇的挑戰,打破「一醒來就艷光四射」的誤解,好讓消費者了解,他們公司的化妝品是提升外貌的關鍵。

安娜為了這份簡報,準備了好幾個星期,反覆修改每一個細節。她因為擔心在有機會好好解釋想法之前,上司就聽到風聲,於是守口如瓶。等她終於站在總裁與其他的高層領導團隊面前,她信心滿滿,自認簡報已經涵蓋所有重要的觀點,高層絕對會印象深刻。然而,總裁不怎麼感興趣。他反對安娜的點子:「我們三年前已經做過類似的事,結果失敗了。消費者不想見到我們的模特兒素顏。」

安娜於是拿出雙倍、甚至三倍的力道,拚盡全力,試圖強調重點。她拿出市場研究,附上一頁又一頁的事實、數據、圖解與表格當成佐證,但徒勞無功。總裁堅信這個點子行不通,表示「就是看不出來有什麼用」。安娜愈是試圖說服,總裁愈聽不進去,其他高層則保持沉默。

安娜回到辦公室後,望著落地窗,突然靈光一閃。有問題的不是她的點子,而是她呈現點子的方法。安娜決定下次報告時,不再試圖透過大量的事實、數字與研究,說服老闆站在自己這邊,而是改成如同推出新品牌上市一樣,推銷她的計劃。道理其實是一樣的,只不過換了一個市場類型;這次只需要獲得上司的認同,不需要消費者買單。安娜要替自己的點子展開一場行銷活動。

安娜就此開始她命名為「革新煥妍」的行銷活動，第一站先前往公司的研發部門。她在那裡得知公司有一項產品技術，能讓口紅維持八小時不掉色，目前尚未有任何競爭對手也達成這項突破。安娜認為這個好東西被忽視，她告訴研發部的副總裁：「這項技術十分珍貴。」副總裁相當同意這個看法。

接著，安娜前往銷售部門。這個部門的第一要務是持續引發新聞熱度，吸引顧客踏進 CVS 與沃爾格林（Walgreens）等藥妝店。安娜解釋：「革新煥妍」不僅是在向品牌的創新史致敬，也強調整個產業有進步的必要。具體來說，這場行銷將推出突破性的優點──持久的口紅顏色。化妝品網紅可以和粉絲分享不掉色的口紅，人們將衝去全美各地藥妝店的化妝品區。銷售總監聽完後，覺得是好點子。

接下來，安娜去見了公司的法律顧問。律師的工作一般只包括確認有沒有商標侵權的問題，但公司請的這位律師是北美區總裁信任的好友，他很開心安娜想徵求他的意見，安娜也向他分享願景。

等到下次簡報的日子來臨，安娜沒使用典型的投影片，而是改成開場先讓大家看到公司喜愛的超級名模代言人，穿著印有公司 LOGO 的上衣，居高臨下站在山頂，秀髮在風中飄揚。這位大家都熟悉的超模，舉起大大的金色數字「1」。在山坡的下方，穿著競爭對手 LOGO 的登山者，笨手笨腳企圖趕上。

在場有幾個人忍不住笑出聲。總裁點了點頭說：「這就是我們想要的──我們要站在山頂。」在安娜播放下一張投影片之前，總裁說他已經聽到很多人讚美她的點子。安娜微笑，開始介紹這次持久不掉色的新技術宣傳，解釋這項技術如何能搶攻市佔率，而且不只是口紅，還包括睫毛膏、眼影和粉底這三項目前由競爭對手領先的領域。

安娜最後展示她預期公司會獲得的媒體曝光。隨著螢幕閃過假想的正面頭條，安娜看到在場的人們面露喜色，包括她的上司。

你可以說安娜有效說服了上司，但其實這和說服毫無關係。安娜在第一次的簡報拋出大量的事實、數字與各種論點，試圖說服上司，但只讓上司更加抗拒她建議的事。

第二次的簡報則截然不同，這次上司一下子就接受她使用的簡單符號和視覺元素。來自公司黃金年代的提示讓人感到熟悉、安心；公司代言人登頂的畫面，則把公司與成就連在一起。（當然，上司會連帶沾光。）這有如從後門悄悄進入，繞過上司所有的反對意見。安娜的建議透過上司記憶裡的正面聯想，順利進入他的腦海，沒遭遇任何阻力。

安娜先是利用「辦公室的口耳相傳」打好基礎，接著在簡報中，接二連三拋出經典的視覺提示，在先前打好的基礎上，加上一層層的正面聯想。不過，安娜不一定需要先和研發部門、銷售部門、公司律師取得共識。動員具有影響力的人士，只是影響上司的其中一種方法。

舉例來說，假如上司一開始便抱持開放的態度，那麼安娜也可以趁早與他合作，在一系列的會議中，一起制定計劃。不論走哪條路，關鍵是讓上司反覆接觸到安娜的點子（愈早愈好且頻率要高），好讓這個點子的神經網絡，在上司的大腦裡不斷有實體的成長。不過要注意的是，重點不只是灌輸訊息的頻率，內容也同樣重要。

為什麼這次高層團隊的其他成員會點頭同意？因為安娜在開會前，已經在他們腦中，替計劃增加正面聯想的神經網絡。基本上，高層在聽取簡報前就有意向著安娜的點子。雖然安娜的整體建議沒變，但這次的呈現方式完全不同。安娜透過吸引眾人的潛意識腦，讓上司從拒絕轉為接受，還獲得了整個高層團隊的支持。

個中道理如同安娜發現的事，不論是辦公室裡的點子市場，或者是政治市場、你孩子的學校市場，還是你申請的大學市場，這些市場的運作方式都一樣。要成功的話，你必須連結受眾的潛意識腦。

然而，不論身處哪個市場，從前的行銷規則卻要我們反其道而行，對我們的成功率產生不良的影響。就算在過去部份的舊原則有用，但以前市場上的競爭者沒那麼多，如今百家爭鳴。在直覺的年代，舊規則已不再適用。

許多企業利用從前的行銷手法，風光了一陣子，但接著成長便逐漸（或瞬間）放緩，甚至陷入停滯或衰退。事實上，一項近期的研究在三年間分析了3,900個品牌，結果只有6%搶下市佔率，其中又僅六成在搶下後得以保住。在最初的成長過後還能加速發展的，更是鳳毛麟角。各種產品類別的數百個頂尖品牌都呈現這種趨勢，讓全球的行銷人員困擾不已。

說服的謬誤

行銷人員採用的意識型說服模型，一共有三個重點：多一點、多一點、再多一點。請想一想以下情形：零售商和超市塞來更多優惠券；政治人物滔滔不絕解釋立場；健康照護和大藥廠提供更多的臨床試驗數據；律師忙著提出更多證據；至於大多數的品牌經理和廣告公司領導者則認為，多撒一點錢才能產生影響。

在這種專注於「再多一點」的世界，行銷人員不斷對著受眾口沫橫飛，催促受眾快點出手、快挑選他們提供的商品，試圖說服受眾照他們說的做。然而實際上，人們要不就左耳進右耳出，要不就完全失去興趣；儘管如此，這種模式仍被全球的行銷人員和廣告公司採用。大多數的人誤以為，如果要說服人們支持某個候選人、捐款給某個理念或慈善機構，或是賣房子，這是最好的辦法，還以為只要喊得更大聲、花更多錢、提出更有力的主張，顧客就一定會屈服、讓步、順從。理論上，如果要「說服」意識腦就必須這麼做，但事實上，意識腦很固執，甚至根本無從說服。

這種模式在社群媒體的數位行銷比其他地方更為明顯。企業認為要在今日賣出產品的話，就必須和消費者維持一週七天、一天二十四小時的交流。他們擔心如果不持續轟炸，沒有一直發布社群媒體文章和數位廣告，就會被排除於「持續的對話」之外，導致競爭對手佔上風。

然而，在熱鬧非凡的數位生態圈，訊息被淹沒的機率高過於被聽見。2022年的時候，美國人平均每天會看到4,000至1萬則廣告，是2007年的兩倍。在不斷尋求更多內容、更多互動、更多「讚」的過程中，當品牌的訊息遭到稀釋，或是消失在成千上萬的混亂廣告中，品牌的聲譽甚至可能受損。

在此同時，企業瘋狂燒錢，希望投入的金額愈高，獲得的關注也愈多，結果是2022年時，美國公司的社群媒體廣告總支出達到560億美元，全球各地則超過1,730億美元。預計到2027年，這個金額將接近3,850億美元。然而，這種「更多」的模式是過去的產物，屬於失敗的傳統行銷方法。這種瞄準理性意識腦的方法是錯誤的，因為實際上，意識腦不是大腦中負責主導的部份。

即便如此，行銷人員和商業領袖在過去一百年來，仍試圖運用老舊的戰術手冊，說服民眾使用品牌、產品和服務。這些人情不自禁的遵循舊規則，但這不是他們的錯，因為他們接受的訓練就是這樣，還憑著這套規則在公司往上爬。那些規則深植於我們的集體認知，我們認為行銷就該這樣。問題是相較於那些規則問世的年代，今日對於大腦如何運作有著很不同的認識。

哈佛商學院教我們，競爭優勢來自於成為低成本的供應者、產品差異化，或是專注於特定的利基。這些說法聽上去合理，但忽略了最重要的驅動力：消費者的認知。即便是高度差異化、甚至是更優秀的品牌，也不一定就能獲得市場的認可；反而三番兩次被超越，**輸給民眾眼中更好**的類似產品。民眾認定的事，才是最終的競爭優勢，因為存在於人們的大腦。

生命週期理論是另一個歷久不衰的信條，認為品牌和產品會在早期有較大的成長，等時間一久，成長速度自然會放緩。然而,有很多的例外,例如可口可樂、塔吉特百貨(Target)和麥當勞等品牌,即使已經屹立了五十到一百年,仍然能出現成長高峰。

同樣的,從品牌健康追蹤研究到淨推薦值(Net Promoter Score,簡稱NPS,依據消費者有多可能推薦先前使用過的品牌,評估顧客支持度)等指標,許多領導者仰賴的研究工具,建立在人們用**意識腦**回答的答案上。儘管消費者講得頭頭是道,但其實不清楚自己為什麼購買那些品牌。也就是說,消費者在速效民調、深入意見調查與焦點團體所提供的答案,往往不太可靠。

神經行銷學的領域認清了仰賴意識腦的侷限,並提出多種另闢蹊徑的方法,例如腦電圖(EEG)、功能性磁振造影(fMRI)、情緒追蹤(emotion tracing)與面部表情編碼(facial-expression coding)。

不幸的是,這些新工具本身也有不足之處。它們雖然超越了意識型說服模型,卻沒說出「幕後」真正發生的事。舉例來說,腦部掃描能顯示出某個刺激如何影響到某個人的大腦,例如當這個人感受到同理心、難過或歸屬感,他的某些大腦區域會亮起。然而,造影本身並未解釋**原因**。為什麼看著某張圖會讓我們感到喜悅?除非我們能知道背後的連結,要不然不知道答案。新型技術令人振奮,它們讓研究人員的社群開始更重視潛意識腦。然而,新技術帶來的洞見,不足以說明記憶與聯想的大腦網絡如何影響一個人的決定。

事實上,如果要改變人們的認知與行為,重點不是情緒,而是記憶。記錄人們在回應刺激時的表情也無濟於事,畢竟那是外在的東西；此外，這也與產品屬性無關。重點是理解存在於神經路徑的聯想。更重要的是，從使用大量社群貼文轟炸人們，到提供促銷誘因，傳統行銷採用的每一種刺激業績的技巧，目標都是改變意識腦。不論是把力氣用在說服意識腦的傳統技巧，或是自稱能深入理解大腦的新技巧，兩者都未能持續有效帶動成長和市佔率。

最大阻力之路

我們以為提出事實，就能影響決策，但事實的力量沒有想像中大。我們樂於相信任何符合自身世界觀的資訊，當我們想向別人、向自己證明，我們是對的，我們就會有意識的提出那些資訊。確認偏誤（confirmation bias）是社群媒體同溫層的基礎。美國的政治與社會今日會如此分裂，有很大一部份是拜同溫層所賜。我們聽到、讀到愈多確認自身想法的觀點，點擊的次數就愈多，與那種資訊的互動也更多；在此同時，不符合我們世界觀的看法，我們則不予理會。

我們點擊得愈多，就愈加確定自己的觀點，社會因此愈來愈兩極化。Facebook使人在網路上火上加油，情況有如《美女與野獸》（*Beauty and the Beast*）中的加斯頓（Gaston）。他用煽動性的言論（「野獸會擄走你們的孩子……趁晚上來抓他們」），刺激貧困小鎮的群眾燃起火把、追捕野獸。這讓人不禁要問：如果說人們如此堅信自己的觀點，不願意聆聽不同的聲音，怎麼有可能改變他們的心意、偏好或行為？

答案是**與潛意識腦合作**，利用人們既有的記憶，影響他們的決定。這是在挑選**阻力最小**的路。《逆思維》(*Think Again*)的作者亞當‧格蘭特（Adam Grant）教授思索兩種不同的心態時，也得出類似的結論。人們若處於對立的心態，與人溝通或提出主張時，將扮演傳教士、政治人物或檢察官的角色。這種心態導致人們滔滔不絕講述自己的觀點，不去聽另一方的看法。

基本上，這是意識型說服模型在發威，**推著**受眾做出選擇。格蘭特教授將這種心態與合作心態做對比。人們處於合作心態時則有如科學家，帶著好奇心和幽默感傾聽，嘗試找出深層的意義和共同點，也難怪合作心態更能有效改變人們的選擇。

雖然格蘭特教授提出了數個優秀的論點，但他話只說了一半，沒具體解釋為什麼合作心態會有效，又能如何用來影響人們的決策。這其中發生的事，其實是合作心態**不去對抗意識腦**，改成**與潛意識腦合作**，藉由連結人們腦中已有的事物，影響直覺的行為。合作心態借力使力，配合人類大腦的運作方式；相對的，對立心態則是打對臺。

舉個例子來說，深受觀眾喜愛、長期主持益智節目《危險邊緣》(*Jeopardy!*)的崔貝克（Alex Trebek），不幸在2020年因胰臟癌去世。索尼影視（Sony Pictures）請來五花八門的代班主持人，試圖取代無從取代的崔貝克。索尼試圖找到正確的公式，卻採取對立的心態，想運用意識型說服法。還記得這種方法靠的是什麼嗎？沒錯，**多上加多**。

索尼今天請來美式足球明星阿倫‧羅傑斯（Aaron Rodgers）擔任主持人，明天又請來老牌新聞從業人員凱蒂‧庫瑞克

（Katie Couric）；就連著名主持人安德森・庫珀（Anderson Cooper）也曾被找去插花，讓觀眾有點無所適從。結果很明顯：收視率持續下滑，從2021年1月的6.1跌至5月的4.8。製作人認為，這些數字反映出觀眾對每位新主持人感興趣的程度，但實際上不是這麼一回事。隨著收視率下降，《危險邊緣》的品牌在觀眾心中的形象也每況愈下。

我們可以理解，為什麼《危險邊緣》的製作人最初會找來這些名人。既然要找人，何不找有名的？製作人大概以為，名人能引發觀眾共鳴，畢竟他們已經有知名度，甚至還可能讓節目更受歡迎。然而，製作人忽略了一件事：新主持人和《危險邊緣》在粉絲心中累積的記憶**毫無關聯**、格格不入。

《危險邊緣》需要讓觀眾**逐漸適應**新主持人，讓品牌出現演變，而不是推翻過去。每換一個新主持人試水溫，其實都會讓觀眾對品牌的既有印象產生認知失調。觀眾被迫面對新面孔，不符合他們對節目原有的印象。這些人不僅全都不是崔貝克，甚至看起來大都與這個節目不相干。

《危險邊緣》在大幅變動深受喜愛的品牌時，沒有從現有的基礎出發，反而違背觀眾的期待。這就像是你走進家中最喜歡、最舒服的房間，卻突然發現那裡的家具全換了。

每換一次新主持人，收視率就進一步下跌，管理階層卻解讀為觀眾對每位新主持人的評價。然而，依據我們對直覺的認識來看，每日的收視數字，根本不是觀眾給每位主持人的評分。收視率下滑，其實是我所說的「品牌萎縮」（brand atrophy）：《危險邊緣》在觀眾心中的品牌顯著性（Brand Salience）開始消失。時間一長，人們對於崔貝克的節目記憶也逐漸淡化。

索尼需要做的，其實是依據一個簡單的標準挑選主持人：誰和崔貝克以及這個節目有著最強的連結？與其試圖強行把新主持人塞給觀眾（對立做法），索尼真正該做的是找到這樣的人：他與節目有所關聯，最好是和崔貝克相關，因而能讓觀眾產生熟悉感和傳承感。索尼需要繞過觀眾直覺抗拒任何新主持人的反應（「這些人都不是崔貝克」），影響他們的潛意識腦。

有一位代班主持人符合這個條件：肯·詹寧斯（Ken Jennings）。他是上過這個節目的知名參賽者，至今仍是記錄保持人，曾經連贏74場比賽，一共抱走252萬美元的獎金。雖然索尼最後採取雙主持人的模式，額外找來得獎女演員馬伊姆·拜力克（Mayim Bialik），但詹寧斯在2022年被選為第二位共同主持人的時候，人們認為他拯救了《危險邊緣》。大家認得詹寧斯，詹寧斯和這個節目有淵源。任何看過他在2004年連勝表現的死忠粉絲，一連74場比賽都看到他站在原主持人崔貝克身旁。

崔貝克自1984年以來，一直是《危險邊緣》的品牌代言人。引入全新的主持人，有如重新推出品牌。這就像迪士尼把米老鼠換成史努比，或是美國家庭人壽保險（Aflac）將公司著名的白鴨標誌，換成芝麻街的大鳥（Big Bird）。不過，《危險邊緣》這次給粉絲看到另一個熟悉的面孔，詹寧斯與這個節目和前主持人原本就有關聯。當他以主持人的身分出現，人們對他的既有記憶自然會浮現，觀眾的心自動會偏向他。

無論是你最喜歡的電視節目，還是你通常支持的政黨，正向偏見是任何品牌偏好的源頭，源自不斷累積的記憶（正負面都有可能)。當你利用正向偏見,你就選了阻力最小的路徑,因為你把點子、看法或產品,加進你想影響的人原本就有的聯想。這種方式比從零開始要簡單得多。

記憶通常讓人感到難以捉摸,不過實際上,存在於大腦中的記憶和聯想符合科學規律、可加以測量。行銷產業或許習慣把轉換率、點擊數和吸睛度,當成消費者偏好與行為的重要指標,但這類指標其實無助於預測消費者接下來會做什麼。人們之所以選擇甲品牌、不選乙品牌,或是喜歡某位電視主持人勝過另一位,和那些品牌或人選**在我們腦中佔據的空間**有關。一切都是實體的。

我們的實體大腦

在過去五十年間,我們對於人類大腦的了解,出現相當大的變化。相較於近日,在1960年代之前,大腦的結構被視為十分靜態的。科學家甚至一度認為,大腦的實體結構只會在嬰幼兒時期改變,等步入成人早期,大腦結構便差不多定型,幾乎不會再發生變化。然而,科技進展、跨領域合作,以及神經科學研究的發展,開始讓這個理論站不住腳。在1990年代,科學家發現成人大腦中也有幹細胞,開始認為神經生成(neurogenesis,大腦中形成新的神經元)是有可能的。今日認為海馬迴中的神經生成,對我們的記憶、情緒與學習新事物的能力來講,扮演著重要的角色。

神經生成只是神經可塑性的其中一個面向。神經可塑性是指大腦會因為新的輸入、資訊和整體的經驗，出現實體的變化。也就是說，我們的大腦神經網絡可以改變或重組，長出新的神經網絡。神經可塑性的形式不只一種，但如果大腦的實體結構是因為學東西而改變，稱為「結構型可塑性」（structural plasticity）。隨著我們持續學習，結構型可塑性會在一生中持續出現，也因此成人的大腦結構的確可以改變，而且其實隨時都在發生。

有一個著名的例子是倫敦的計程車司機。他們對蜿蜒曲折的城市街道瞭若指掌，從而刺激了大腦發展。一項在2011年收尾的5年研究顯示，倫敦的計程車司機因為經過訓練，海馬迴大過常人。某計程車司機被問到，當他載了乘客、聽到要去哪裡，那是什麼樣的感受，他回答：「這就像大腦裡『轟』的一聲，你瞬間看到路線圖。」

如果想成為倫敦計程車司機，必須先通過難度極高的「倫敦知識大全」（Knowledge of London）考試。倫敦知識大全被稱為「全球最難、沒有任何考試比得上的測驗」。你必須記住倫敦市的每一條街道（一共有2萬5,000條），也得記住每一個大大小小的地標和紀念碑。這些知識佔據大腦極為大量的空間，導致其他的灰質*被排擠。研究甚至顯示，倫敦計程車司機的短期記憶比對照組差，透過視覺資訊形成新聯想的能力也較差。看來倫敦知識大全在司機的腦中佔據了主導地位，其他的全被擠到一旁。

---

* 編注：灰質（gray matter）是中樞神經系統中大量神經元聚集的區塊，負責決策、學習、語言等高階認知功能。由於神經細胞體顏色偏灰，因而得名。

等這些司機退休，不再需要動用知識大全，海馬迴就會開始縮水，回到平均大小。反正不管如何，人們學習新事物時，大腦會成長。

每次與某個想法進行有效的互動時（那個想法被記住、「黏」在我們的大腦裡），大腦會被重塑；與某個公司、品牌或電視節目進行任何「有黏著性」的互動時，同樣的情形也會發生。不論是看紀錄片認識某間公司的執行長、從小看媽媽總是買某種果汁，或是在社群媒體看到吸引人的貼文──任何有效的接觸都會改變大腦的實體結構，在過程中形成記憶和聯想。

我們做選擇時，大腦並不是井然有序的數據庫。沒人會在挑選車子、美白牙膏或應徵者前，先查閱腦中的優缺點清單。我們所有的選擇，其實來自存在於大腦神經路徑的聯想和記憶；這些路徑讓神經活動交織成龐大的網。

前Google大腦（Google Brain）工程研究員傑佛瑞・辛頓（Geoffrey Hinton）是認知心理學家，他被譽為「人工智慧教父」。如他所說，腦中這些穿梭的線彼此互動，帶來個人直覺的偏好和行為。直覺由人類大腦極度擅長的這項功能驅動：類比推理（analogical reasoning）。從前的人認為，大腦有如「深思熟慮的推理機器」，但辛頓解釋在現實生活中，人類的大腦會不斷在數兆個聯想、記憶、影像、聲音等事物之間進行類比，迅速得出直覺的結論。

AI也是類似的原理。事實上，正是出於這個對人類大腦運作方式的新理解，促成AI的技術突飛猛進。AI有如類比模型，模仿人腦和品牌連接組（Brand Connectome）的運作方式。不過，大型語言模型（large language model，例如在2022年11月首度發布的ChatGPT）有5千億至1兆個連結，但辛頓指出：「我們的大腦有100兆個連結。」

今日認為這種潛意識的決策過程幾乎不涉及意識層面的思考，主要由相關的神經網絡主導，而且掌控了一天之中95%的選擇。事實上，科學家認為我們的意識思維，其實更多時候是在替自身的直覺感受和行為，進行事後的合理化。這也是為什麼傳統行銷偏好的意識型說服模型，如此難改變人們的心意。如果你只是告訴人，他們應該相信什麼、應該投票給誰，或是哪個產品比較好，他們不會聽，你也不會對相連的神經網絡產生任何影響。你需要從後門（潛意識腦）進入，也就是實際改變人們腦中的實體神經路徑。當你能做到這點，人們的選擇就會變得直覺化──這是替品牌創造偏好的聖杯。

直覺品牌偏好

大部份的人把品牌等同於LOGO、產品或服務；除此之外，還可能想到行銷活動或廣告文案，例如社群媒體動態跳出的定向廣告。基本上這就是人們對於品牌的理解，但這種觀點實在過於狹隘。品牌是所有與之相關的事物，不只是產品或LOGO，而是大腦因為這個品牌所建立起的一切連結，包括哪些人為這間品牌工作、哪些消費者使用這個品牌，以及這個品牌讓人想起的各種圖像、想法和記憶。簡而言之：**人們是透過聯想而認識品牌。**

不論是什麼品牌,你需要從更宏大的角度來思考,不能只看眼前,否則品牌將永遠又小又受限,與你應該瞄準的目標背道而馳:你要做大做滿。或者套用行為科學的術語來說,你需要**顯著性(salience)**,也就是在所有的選擇中脫穎而出的能力。人們的大腦天天隨時隨地被無數的選擇轟炸,你的品牌能否吸引注意力,最終被選中,顯著性是主要的決定因素。

顯著性源自大量的聯想,範圍遠超過精心設計的LOGO或炫目的廣告。這些聯想必須涉及人們真正關心的事物,並對他們當下或過去的生活具有意義。此外,你要能引發極為大量的聯想,藉由非常多的連結點產生強大的力量,讓目標受眾選擇你的品牌時,不會有絲毫遲疑。當你的品牌擁有如此大量的正面聯想,便能在腦中製造出更大的實體足跡,帶來我所說的**直覺品牌偏好(instinctive brand preference)**。

直覺品牌偏好是自動化、重複性的購買行為。人們把你的品牌當成「首選」,想也不想便一次次購買,有如自動導航。舉例來說,在超市裡,這種自動導航的購買行為,代表顧客每次走到貨架,總是拿走可口可樂或百事可樂、高露潔或克瑞斯(Crest)牙膏,或者尋找黑豆罐子上的戈雅牌(Goya)標誌,就好像看不見其他選項一樣。

顧客內心完全不需要有絲毫掙扎,就能做出決定。當然,他們也不會拿你的產品去和其他產品做比較,而是會直接順手拿起,把你家的水、你家的豆子放進購物車。

摩根·席瑪克(Morgan Seamark)是觸發點公司的總經理,之前曾在漢威士媒體(Havas)與BBDO廣告公司擔任高階主管,他指出,人們這麼做的時候根本連想都沒有想,幾乎可說是「像夢遊一樣購物」。

這是最有利潤的購買型態,因為幾乎不需要提供任何的誘因、促銷或其他的行銷支持。優惠券與折扣等促銷活動,成本都很高,而且很少有長期的好處,甚至根本沒有。當然,它們能帶來短期的銷售成長,但這些誘因對品牌的長期發展來講,幾乎毫無助益,你基本上是在試圖購買消費者的忠誠度。

直覺品牌偏好則不一樣。它是以有機的方式培養真正的忠誠度,能與你的受眾在潛意識與直覺的層面建立連結。直覺品牌偏好不限於特定的產品或服務,它也可以套用在你最愛看的電視節目、決定投票給哪一黨、接受新創公司的商業點子或提案,或是選擇定居在哪個城鎮或區域。

精通此道的品牌透過創造龐大的生態系,觸及民眾生活中的多個面向,因此禁得起時間的考驗。舉例來說,Nike是人們的首選運動品牌,因為相較於其他運動品牌,Nike擁有更多接觸點(touchpoint)[*],能讓人聯想到堅持、恆毅力、流行,尤其還與成功緊密連結,因而在消費者的大腦中有龐大的神經網絡。

Nike與140個體育聯盟和組織簽有650項贊助協議,在所有想得到與想不到的地方,它的打勾符號無處不在。當然,這個勾勾出現在振奮人心的運動員和體育隊伍的運動鞋、棒球帽、運動衫與制服上,數量超越其他品牌;但除此之外,由於Nike也成

---

[*] 編注:「接觸點」是品牌與顧客「接觸的機會」,例如廣告、網站、實體店面等,品牌能藉此傳遞訊息、創造互動、建立關係,進而影響顧客的選擇。

了國際時尚品牌，合作對象包括迪奧（Dior）的藝術總監金·瓊斯（Kim Jones）和Comme des Garçons的創辦人川久保玲，因此它的打勾LOGO也出現在高級的時裝秀之中。

此外，Nike還安排尋寶人士使用專屬的app，找出限量版運動鞋，吸引各年齡層最死忠的球鞋收藏者。Nike也在各地的博物館，例如邁阿密的盧貝爾博物館（Rubell Museum），舉辦以自家鞋款為主題的設計師展覽——在這種時刻，Nike的勾勾總是放在最顯眼的位置。

不僅如此，Nike的SNKRS新產品「發表會」也十分隆重、大張旗鼓，有如當年賈伯斯推出iPhone。這種興奮感讓Nike的鞋款成為藝術、科技和商業文化對話的一部份；Nike的品牌連接組並未止步於運動領域。

當負面聯想進入民眾的大腦神經路徑時（任何企業都免不了碰上這種事），Nike會立刻處理，因此人們不太會一直記住。例如在1990年代，Nike曾因供應商在東南亞的勞動條件被放大檢視，包括低薪、雇用童工、不安全的惡劣工作環境。Nike回應負面公關的方法，包括強化監督與透明度、定期檢查設施、要求供應商遵守行為守則等種種相關措施。這類正面聯想被成功加進多數民眾的心中，人們得以和從前一樣，繼續開心使用這個品牌。

然而，Nike並未完全從爭議中脫身，包括在2020年，人們發現Nike的中國供應商青島泰光製鞋引進強迫勞動，數百名維吾爾族人被當地政府送去那裡工作。不過，由於Nike的品牌擁有大量的正面聯想，這個消息似乎並未引發太大的關注。

美國職棒洋基隊是另一個首選運動品牌的例子。洋基隊的品牌影響力遠勝過棒球本身，睥睨群雄，估值達60億美元。這支棒球界最具價值的球隊（儘管大都會隊〔Mets〕的球迷聽了可能會不滿）步步為營，讓品牌建立起正面的聯想，影響範圍跨越多個世代的球迷。

洋基隊將球員塑造成接近超級英雄的地位，連結過去和現在，在球迷的腦中建立一條很大的神經連結。每一代的新洋基球員都站在前輩的肩膀上，例如許多人心中的洋基隊最佳球員亞倫·賈吉（Aaron Judge，美國聯盟〔American League〕2022年最有價值球員），便是2000年代初期明星時代的延續，傳承當時的德瑞克·基特（Derek Jeter）和馬里安諾·李維拉（Mariano Rivera）等球員。

洋基隊公開舉辦各種儀式，例如運用退休球衣、背號的方式，把頂尖球員的地位提升為深受愛戴的偶像，透過對老戰友表達敬意，建立球迷心中的連結；位於洋基體育場中外野的紀念碑公園（Monument Park）有如昔日球員的博物館，能鞏固他們留下的影響，不至於被世人遺忘；當賈吉被任命為洋基隊的新隊長時，身旁的前隊長基特則親手交給他特製的球衣（順帶一提，上面有Nike的打勾LOGO）。

洋基隊的品牌基本上是綿延不斷的。新球員永不切斷與過去的連結，讓品牌傳承下去，只不過多了幾張新面孔。洋基隊避開了前文中《危險邊緣》遇到的問題，不斷強化品牌的歷史遺產，得以留存於球迷的集體記憶之中。

這是否代表洋基隊能高枕無憂？當然不是。沒有任何品牌可以一直吃老本。如果球迷開始不相信領導階層（記住：老闆與教練團也是球隊聯想網絡的一部份），質疑他們是否真心想贏球，還是眼中只有錢，那麼即便是人人敬重的品牌，也可能受到傷害，導致價值下降。

事實上，儘管洋基隊自2009年以來便不曾贏得世界大賽（World Series，我家特別記住這個年份，因為當時我們把兩個興奮不已的兒子從學校接出來，參加在曼哈頓下城區舉辦的彩帶遊行），但洋基隊依然是體育界最有價值的卓越品牌，這證明了重點不是你真的比別人好，人們是否認為你比較好，遠遠更為重要。

前文說過，著重於競爭優勢，有其侷限；品牌的成功，不是來自於實際上比別人優秀或有形的優勢，而是因為人們心中那樣認定──在人們的大腦中，這個品牌有著被精心管理、大量、正面的實體存在。不過，這種認知需要不斷維護和培養。洋基隊除了追求新興的頂尖球員，同時也讓過去的球員繼續活在球迷心中，因此得以創造出持續的顯著性，成為數百萬人一直以來的直覺品牌偏好。

※　※　※

Nike和洋基隊這樣的品牌，早已超越產品類別和體育隊伍，打造出另一個世界，引人入勝。在這過程中，這些品牌讓各年齡層的顧客成為終身的粉絲。不過，不一定要變成Nike或洋基隊才能成為人們的首選，只要你了解品牌如何在大腦裡壯大，便能快速推廣新創公司、公職候選人或社會理念,而且產生影響的速度超乎想像。

　　不過,想做到這點,前提是拋下基於意識與說服的舊式行銷方法,採取新規則,運用人們的直覺。如果要成為受眾的首選,你需要在他們的大腦裡建立你的**品牌連接組**,而且要持續壯大,直到佔據非常多的大腦實體空間,屆時受眾就會不假思索選擇你的品牌。

02

瞄準直覺中心

直覺規則：你的選擇不是由你控制，而是品牌連接組在掌舵。

金屬圓框眼鏡，額頭一道閃電傷疤。光是這兩句話，你大概就知道我在說誰、我想講什麼。即便你不是狂熱粉絲，系列電影動人心弦的主題曲，或許已在腦中響起。或許你想起精緻的書皮圖案，或是開頭的場景；魔法與巫師，各式各樣的想像浮現腦海。翻開書，點開螢幕，造訪主題樂園與商店，前往英國各地的電影拍攝地點，你就能成為這個魔法宇宙的一員。一個龐大的神奇世界，正等著讀者、觀眾、玩家和各年齡層的大人小孩上門。

不過，這個魔法宇宙差點胎死腹中。《哈利波特：神祕的魔法石》被不下十二家出版社拒於門外，最後才由倫敦的布魯姆斯伯里出版社（Bloomsbury Publishing）接手。

有人問作者J·K·羅琳（J. K. Rowling）的第一位經紀人克里斯多夫·里特（Christopher Little），為什麼這麼好的作品被拒絕這麼多次，里特回答原因有很多，其中包括小說長度和場景設定——出版社認為，讀者不會對上層階級的寄宿學校感興趣。「將近一年的時間，」里特解釋，「幾乎每一家英國的大型出版社都拒絕接下這本書。」但羅琳不氣餒，再接再厲。

羅琳的提案，最後落在布魯姆斯伯里出版社董事長的辦公桌上。董事長把書的第一章交給自己信任的試讀人——他八歲的女兒愛麗絲。愛麗絲坐下來讀第一章，被吸進令她如癡如醉的世界；一讀完，立刻跟爸爸討剩下的草稿，布魯姆斯伯里最後決定出版。

即便如此，書在1997年上市時，出版社完全沒料到會造成什麼樣的轟動。羅琳在布魯姆斯伯里的編輯貝瑞・康寧漢（Barry Cunningham），甚至建議她找份兼職的工作，因為她這輩子絕不可能靠寫青少年文學維生。不用說，康寧漢看走眼了。

當然，一個不起眼的小孩、神祕的身世、情節曲折離奇的成長故事，以及幻想與魔法，這些東西在1990年代末期之前早就有了，但《哈利波特》讓大眾深深著迷，在過去二十五年間，這個品牌歷久不衰、不斷成長，如今世界知名。

《哈利波特》系列的價值約達400億美元，而且八成還會持續成長，因為除了系列本身目前價值數百億美元，還有許多衍生作品，例如《怪獸與鄧不利多的祕密》等前傳、後續出的《哈利波特——被詛咒的孩子》等劇本，以及2023年的角色扮演電玩遊戲《霍格華茲的傳承》（*Hogwarts Legacy*）。

雖然不少書籍都被翻拍成電影，也推出玩具和各種授權，但《哈利波特》的成功無人能及。為什麼《哈利波特》不一樣？

羅琳是如何吸引到那麼多讀者？為什麼每個進入這個故事的讀者，一次又一次重訪？此外，這個系列是怎麼有辦法深植人心，持續影響下一代的讀者？我一開始讀《哈利波特》是為了念給年紀還小的兒子聽，而我們母子和其他成千上萬的大人小孩一樣，一下子就被吸進去了，對此我深感訝異。

八歲的愛麗絲也一樣。當布魯姆斯伯里的董事長看到女兒如此入迷，決定給《哈利波特》一次機會。他沒注意到大人的大腦在連結與聯想時，其實和小孩的大腦一樣。從芝麻街到迪士尼，成功的兒童IP，大部份都一樣。那些IP會成功，原因是同時運用了大人與小孩腦中的連結，讓所有年齡層的人都喜愛，只不過程度不同。一言以蔽之，大腦就是大腦。我們都是人，所有人的大腦整體而言都以相同的方式運作。

當然，《哈利波特》講了好故事，但這不是整套書會如此成功的原因。市面上有許多其他的青少年奇幻小說與童書，全都有著強大的敘事，構築出奇幻的世界，充滿引人入勝的角色，例如：麥德琳・蘭歌（Madeleine L'Engle）的《時間的皺摺》、托爾金（J. R. R. Tolkien）的《哈比人》、C・S・路易斯（C. S. Lewis）的《獅子・女巫・魔衣櫥》。這些全是經典作品，也都有衍生的電影、劇本、玩具與電視節目——但不同於《哈利波特》第　集，沒有一本賣出1億2千萬冊。

《哈比人》至少遜色2千萬冊；1962年出版的《時間的皺摺》只賣了1千萬冊；包含《獅子・女巫・魔衣櫥》在內的《納尼亞傳奇》（Chronicles of Narnia），全系列有7集，一共也就賣了大約1億冊。相對的，7集《哈利波特》加起來則大約賣了5億

02 瞄準直覺中心　47

冊。此外，《哈利波特》的13部原著系列與衍生電影，總票房達96億美元。剛才提到的奇幻小說雖然也改編成影視作品，卻沒有如此亮眼的成績。

那些作品和《哈利波特》一樣是優秀的故事，講述主角歷經險阻後脫胎換骨，場景也是不可思議、引人入勝的奇幻世界。雖然同樣受到全球的粉絲熱愛，但成功度和《哈利波特》比起來，可說是相形見絀。顯然除了故事優不優秀，還有別的原因。

《哈利波特》系列的成功，其實該歸功於作者羅琳創造出錯綜複雜的龐大世界。相較於其他作家的作品，這個世界擊中了我們腦中更多的接觸點。羅琳把哈利波特的世界連到日常生活中的每一個面向，創造了那些接觸點，就好像那個世界與我們的世界重疊在一起，瞬間令人感到熟悉──孩子的感受尤其深刻。

書中的學生家長、教室、課程、學校運動，全是我們現實世界的魔法鏡像版，帶來「麻瓜」（Muggle，《哈利波特》的術語，指我們這些不是巫師的凡夫俗子）的平行宇宙。在這個宇宙中，樹木有喜怒哀樂，書本和你閒話家常，肖像畫是活的，壁爐則是任意門。只要你知道門道，倫敦的街頭裡藏著完整的巫師世界。

哈利波特世界的每一個面向，都能明顯對應至我們的世界，但又上升到奇幻的層次。在《獅子‧女巫‧魔衣櫥》裡，讀者從衣櫥進入魔法的世界──這點和我們的世界一點都不像。在真實的世界，我們不會從衣櫥前往其他地方──我們會開車、搭公車……或是坐火車。

在哈利波特的世界，九又四分之三月台等同我們的國鐵月台。我們在現實中等車時,被迫待在那片通常死氣沉沉的區域;但在那個世界則有祕密通道,可以搭上專車,載著哈利波特和他的朋友,前往霍格華茲魔法與巫術學院(Hogwarts School of Witchcraft and Wizardry)。

到站後,校長鄧不利多等著他們。鄧不利多是我們永遠嚮往、卻沒福氣遇到的睿智校長;霍格華茲則和我們上的學校一樣,有各種課程、午餐時間、學期、假期、學生的小圈子、最喜歡的老師等等,但我們不曾修過黑魔法防禦課,也沒在女廁裡撞過鬼。

霍格華茲分為幾個「學院」,有葛來分多、赫夫帕夫、雷文克勞、史萊哲林,這種安排使我們感到熟悉,因為和美國大學的兄弟會或姐妹會很像。不過,霍格華茲沒有兄弟會或姐妹會的成員招募會,而是由分類帽決定每個人分發到哪個學院。

魁地奇是校園裡的熱門運動,羅琳參考了美式足球的元素,從達陣、裁判到觀眾,一應俱全,只不過魁地奇的球員騎著飛天掃帚。四個學院彼此競爭,而壯觀熱鬧的賽事、為自家隊伍自豪的心,這些事物都在我們腦中建立起神經網絡,直通奧運或超級盃賽事。

在哈利波特的世界,每一樣東西都似曾相識,但又不是表面上那樣;任何事都有可能發生,但是對讀者來說,絕對不難懂也不陌生。這個複雜生態系統的每一個面向,全都與我們生活中的某些事有關,能夠直接連結至既有的概念、聯想與記憶。《哈利波特》的成功是必然的——早在第一部電影尚未製作前就注定好了。這是因為羅琳創造出顯著性極高的哈利波特世界,早在橫掃市場之前，就佔據了民眾的大腦。盛日影業（Heyday Films）＊、環球影城的高層、吉利貝（Jelly Belly）†等糖果業者，以及樂高與美泰兒（Mattel）等玩具業者，自然有興趣利用授權，打造各式各樣的東西。

不論是哪個領域，最成功的品牌也採取同樣的做法，建立無所不包的世界，佔據腦中特別大的部份。當你進入時會發現，品牌的世界有自己的一套規則、獨特的價值觀、特殊的環境、特定類型的人物或角色，有時甚至有專屬的語言，例如《哈利波特》裡的「護法」（Patronus）或「召喚咒」（Accio）。

有的人聽到這會主張，《哈利波特》是特例，無法複製，但事實上無論是什麼領域，只要你開始了解是什麼讓《哈利波特》如此成功，巨大的勝利將觸手可及。你找出模式後，就能在事業、個人品牌或大學申請如法炮製。

Google也以類似的模式，打造眾多的海內外辦公室與園區。Google的園區除了考量到功能性，還設計成能帶來最大限度的互動。這間科技巨頭的現代風建築設計、五彩繽紛的裝潢、長得像Tinkertoy拼接玩具的辦公家具，以及無窮的舒適座位選擇，都只不過是開胃菜；Google還提供五花八門的元素，滿足員工個人生活的各個面向，包括提供大量健康餐點的廚房、乾洗服務、跑步機、方便穿梭於建築物之間的滑板車，甚至還有睡眠艙。整個環境是無所不包的五彩世界，有助於工作、遊戲、合作

＊ 譯注：哈利波特電影的製作公司。
† 譯注：該公司製造哈利波特書中的怪味糖。

與創新。

此外，Google還有著名的內部軟體開發競賽（Google版的魁地奇），並提供健康顧問與舒壓按摩，招人時還會看應徵者是否具備「Google人」的性格特質。人人擠破頭，想進入這個沉浸式的世界。Google持續名列最佳工作場所，每年收到超過三百萬封求職信。

在過去，人資與企業領袖把這些東西歸為「公司文化」。然而，在留住員工日益困難的年代，朝著建立**沉浸式品牌世界**的方向思考，對公司來講用處更大。個中道理如同哈利波特的世界，你需要以視覺的方式溝通品牌認同，盡量從多種層面與人接觸、互動，藉此開闢出能自動吸引人走進來的世界。總而言之，就是要遵循直覺模式——你打造的品牌元素，要能連至大腦中熟悉的路徑——觸及人們生活的多個面向。

接觸點愈多愈好。這樣的無所不在，來自實體大腦中的大量連結，能提升品牌的顯著性、相關性與清晰度（clarity）。你的品牌如果要開闢盛世，就得在眾人的生活中有非常大量的連結，讓他們隨時都能想到你。簡單來講，要讓品牌在市場上出現財務成長的話，唯一的辦法就是先讓品牌在大眾的腦中生長，從一顆發芽的小種子長成參天大樹，進而擴大你的品牌連接組。

品牌連接組

連接組基本上是一張配置圖，畫出人腦中所有的神經路徑與連結。連接組的概念與這個詞彙本身都是在2005年問世，最初源於科學家試圖建立人類基因組（genome），也就是人類遺傳密碼的序列。

2009年，美國國家衛生院（National Institutes of Health）贊助名為「人類連接組計劃」（Human Connectome Project）的五年計劃，以繪製出人類連接組的「配置圖」，目標是協助科學家理解我們如何做出決定。這種複雜的彩色配置圖以前所未有的方式探索人腦如何運作，協助科學家研究、治療健康問題，例如中風、憂鬱與注意力障礙（attention disorder）等。

研究結果發現，在人類連接組中，每一個品牌、點子與概念都有**自己的**聯想與回憶網絡。隨著時間過去，不論是正面或負面的，這些聯想與回憶都會累積起來，變得與品牌密不可分，形成實體的神經路徑網絡。我把這命名為「品牌連接組」（Brand Connectome），並與華頓商學院教授麥可·普萊特（Michael Platt）一起撰文介紹。

由各種大腦連結構成的人類連接組，是心智的指揮控制中心，決定著我們是誰、我們的觀點。不論是在超市、網路上或投票所，品牌連接組是我們每天在自動駕駛的狀態下，做出品牌決策的指揮控制中心。

每個品牌都有自己的連接組。你可以從較大的人類連接組中取出任何品牌──不論是政黨候選人、某個點子、國家或度假地點──接著觀察那個品牌在腦中的聯想與回憶模式。回憶與聯想活在大腦交錯的龐大網絡裡，當它們加在一起時，則主導了我們的直覺行為。

不過，了解品牌連接組裡有些什麼，才是真正有趣的地方。存在於神經路徑裡的聯想正是關鍵,可以找出為什麼有人選可口可樂、有人選百事可樂;為什麼有人投共和黨、有人則投民主黨或獨立黨(Independent);又或者,為什麼有的人衝去打疫苗,有的人卻選擇不打。

在實體網絡裡累積的聯想與回憶,有的可以一路回溯至童年。神經路徑把一個回憶連至另一個,你的大腦就此出現與某個品牌相關、相互連結的複雜回憶網。影像、符號、體驗與印象等五花八門的聯想與回憶,一起在下意識影響你的選擇。你對某個品牌的正面聯想愈多,形成的神經路徑就愈多,品牌的連接組也跟著變大。

Apple、麥當勞或Google等最大型的品牌,在大腦灰質裡有著最強大的品牌連接組。那就是為什麼多數人買衛生紙的時候,自動就選了舒潔(Kleenex),而割傷時會貼邦廸OK繃(Band-Aid)、白色衣物會用高樂氏(Clorox)漂白污漬,水槽堵住則讓通樂(Drano)上場。很多人甚至沒意識到英文裡這些全是品牌的名字,直接把它們當成衛生紙、繃帶、漂白水、排水管清潔劑的通稱,想也沒想就拿了。

如同每一個人、地點或東西都能被視為一個品牌,所有的人事物也都有自己的品牌連接組,從百事可樂、可口可樂等消費品,到摩根士丹利或高盛等企業對企業(B2B)的公司;從你家巷口的熟食店到公職候選人;從阻止氣候變遷等理念,到《哈利波特》等娛樂系列,全都一樣。

有的品牌連接組比別人大、比別人正面,因而帶來顯著性與連結。至於比較小或偏負面的品牌連接組,則對於決策的影響輕微，甚至毫無作用，其品牌也就不會被挑中。最有效的品牌在我們的腦中佔據最大的實體空間，正如同大富翁遊戲，誰在大腦裡擁有最多的地、有著最大的實體足跡，誰就是贏家。

隨著時間過去，我們會下意識吸收特定品牌、企業或個人的資訊。每一個讓人記住的畫面、味道、氣味，都會與每一個相關聯的人物、地點和概念，**黏在**大腦裡的品牌連接組上。

你可以把百事可樂或可口可樂等品牌想成神經網絡的中心節點，相關的印象會累積起來，從那個中心節點延伸出去，遍及整個長得像枝枒一般的聯想生態系。接下來，我們會依據累積的印象，在當下瞬間做出決定。總而言之很簡單：你的選擇不是由你控制，背後其實是品牌連接組在掌舵。

品牌一旦推出後，將在消費者的記憶中自行發展──依據正負面聯想的增減，有機的生長或萎縮。品牌連接組源自消費者對品牌的聯想。如果母親在你的成長過程中，使用普格牌（Prego）的番茄醬，「你的母親」這個概念，以及她用番茄醬製作的帕馬森起司雞、莫札瑞拉起司披薩球和其他受歡迎的菜色，將在你的大腦中與普格牌形成實體的連結。

如果你最喜歡的叔叔，每個星期五放學後都帶你去卡維爾（Carvel）冰淇淋店，那麼這個你珍藏的體驗，以及霜淇淋機器擠出的獨特螺旋形狀，都會和其他相關的連結一起在你的卡維爾連接組裡，擁有實體的存在。

因此，你的目標是持續增加正面的聯想，擴大品牌連接組的體積。如同我對於直覺的力量所抱持的大多數哲學觀點，連接組的有效性與長遠的成功，都取決於能否成長。

當我們從敬重的人（教練、榜樣、欣賞的朋友）那裡聽說了新品牌，或是在屬於我們生活型態或日常儀式的場合看見了品牌的廣告（請想一想在地方上的體育館，看見開特力〔Gatorade〕運動飲料的LOGO），或是接觸到與自身想法不同的觀點，此時我們的大腦會成長。要是沒有這樣的成長，我們會變得心胸狹隘、故步自封。從這個角度來看，成長可以讓大腦欣欣向榮，帶來更健康、更開闊的觀點與行為。

請想像一顆種子，這顆種子要代表什麼類型的品牌都可以：公司、產業或產品；餐廳、商店、咖啡廳；候選人、政黨或理念；節食、運動慣例或正念練習；執行長、運動員或音樂家；藝術品、音樂或文學作品──幾乎是任何想得到的東西都行。在你首度接觸的時候，這個種子被埋進大腦。你的大腦必須形成新的神經路徑，在腦中的空間伸展出去。

如同土壤中的養分、陽光與水，你放進連接組的連結愈多，根會扎得愈深，枝葉也延伸得愈廣。漸漸的，連接組會愈長愈大，有時甚至只要一眨眼的功夫就夠了；而且只要做對了，連接組將發展成由正面的品牌聯想組成的完整生態系統。當你的樹木覆蓋受眾腦中更多的區域，連結至人們生活中許多熟悉的接觸點，就會帶來貨真價實的心智佔有率。

心智佔有率

從很久很久以前，行銷人員就在談**心智佔有率**（mind share，簡稱心佔率），其標準定義是大眾意識到某個現象的程度,也有人定義為「試圖讓公司、品牌或產品,成為顧客想到特定市場時,腦中第一個浮現的事。」

不過,先前沒人真正知道心佔率是什麼、該如何測量、又要透過什麼流程來取得。持續使人先想到某個品牌,一直以來有如某種抽象的美夢,令人嚮往,但有可能永遠只是海市蜃樓。

後來發現,心佔率其實不是抽象的概念,而是有實體的。艾倫伯格巴斯研究所(Ehrenberg-Bass Institute)的拜倫・夏普(Byron Sharp)與珍妮・羅曼紐克(Jenni Romaniuk)在談心佔率的時候,稱之為「品牌顯著性」,意思是「在購買情境下,品牌被注意到或被想起的傾向」。

在此之前,沒人實際清楚顯著性的背後是什麼,但如今我們知道,品牌如果要有顯著性(消費者頭一個想到的品牌),就必須在競爭類別中,有最強大的品牌連接組;再講一次,最重要的是神經網絡的**大小**。

當某個品牌的實體足跡大到競爭者都相形失色,就能主導受眾的回憶,成為他們最先索求或伸手去拿的品牌,自動成為他們的首選。顯著性是結果,而品牌連接組是背後的指揮控制中心,你必須設法影響這個關鍵指標。

長久以來,許多企業都把自家品牌相較於對手的意識度(awareness),當成評估心佔率的替代辦法,但這種做法是只有一個維度的觀點。品牌光是很有名或是很會打廣告,並不足夠,還必須讓受眾有各方面的多重聯想。顯著性是現代版的心佔率。思考如何塑造品牌的時候,顯著性是更實用的方法。只要盡一切所能建立最大(顯著性最高)、最正面與具備區別度的連接組,就能在你的領域成為首選。

以M&M's巧克力為例，它的連接組十分龐大，顯著性和《哈利波特》不相上下。該公司打造出M&M's的專屬宇宙，自1941年上市以來，便觸及民眾生活中的無數面向。不過，在如今這個追求原生可可豆、原型食物與營養零食的年代，這種有著人工色素、人工調味，外頭還裹著糖殼的牛奶巧克力豆，居然能歷久不衰，令人詫異。

你想想看，這年頭就連《芝麻街》的餅乾怪獸都有健康意識。在今日的文化潮流下，M&M's的銷售量理應下降才對，但由於M&M's的品牌連接組持續演變，這個價值9億9千萬美元的品牌，2021年照樣達到7.7%的年成長率。

弗雷斯特・瑪氏（Forrest Mars）在1930年想到M&M's的點子，靈感是西班牙內戰期間深受士兵喜愛的一種零食。士兵在鄉間一個個的散兵坑移動時，經常攜帶有糖果硬殼的巧克力豆。這種巧克力十分方便，不容易融化。瑪氏日後也在著名的M&M's廣告詞提到這點：「只融你口，不融你手。」當時英格蘭也有類似的糖果，不過瑪氏在1941年3月取得巧克力硬殼製程的專利，不久後便開始量產，從此埋下M&M's品牌連接組的種子。

M&M's巧克力有過一些創新，例如1954年推出花生口味，但品牌向來沒有太大的變化，直到1980年代進軍全球市場。在那十年之間，聖誕版的M&M's問世，就此拉開眾多節日版本的序幕，成為多年來固定的重頭大戲。M&M's甚至上了太空，在太空人的特別要求下，1980年代跟著NASA的太空梭出任務。此時種子已經萌芽，M&M's的品牌連接組開始成長，不過要到

1990年代才花團錦簇。

M&M's是美國銷售量最好的巧克力糖品牌,但其營收與市佔率能歷久不衰,只有部份原因和裹了糖衣的產品有關;事實上,按照21世紀的健康飲食風潮來看,這項產品本身有重大的缺點,但M&M's的龐大品牌連接組在小心管理、持續呵護之下不斷壯大,數十年來依舊沒有從大眾的視野消失,不僅保住顯著性,營收也有所成長。

雖然該公司在1950年代就推出了兩個M&M's人物,但他們一直不是公司的行銷核心;到了1990年代,M&M's擴充原本的點子,打造出完整的M&M's人物陣容,情況才有所改觀。原本M&M's靠著每一顆糖都印上明顯的「m」字——1950年推出時是黑字,1954年才改成白字——已創造出讓人一看就認得的長青LOGO,現在又加上包裝與廣告裡出現的M&M's人物,更是讓這種小小的硬殼糖有了生命。

M&M's人物採取的策略,更像是娛樂公司的拿手好戲,而不是民生消費性商品(consumer packaged goods,CPG)一般會做的事。每一個M&M's角色都被賦予不同的個性,有各自的特點與背景故事。這些人物無疑是M&M's連接組的一部份,讓品牌有了人性化的感覺,達成一顆顆不能動也沒有生命的糖球永遠也不可能做到的事情。

許多品牌都有吉祥物。家樂氏香甜玉米片在1952年推出東尼虎(Tony the Tiger),勁量電池(Energizer)有隻動個不停的兔子,「渾身是勁」超過三十五年。不過,東尼虎、勁量兔以及其他許許多多的吉祥物,故事的完整程度都不如M&M's人物,也沒帶有那麼多的人類特徵。M&M's曾在2023年改變「代言糖」角色的造型,引發軒然大波,進一步顯示人們心中對於M&M's人物的感情有多深,直覺上與它們連結。

儘管如此,以M&M's連接組來講,其人物只是拼圖的一部份。M&M's做到許多品牌沒能做到的事,不斷拓展品牌連接組,也因此在一個愈來愈重視健康的世界,能夠不褪流行。從1990到2000年代,M&M's開始不再那麼把自己定位為巧克力糖,而是更全方位的點心。

M&M's想出各種聰明的創新,協助培養品牌「點心」的那一面,例如花生醬M&M's與椒鹽捲餅M&M's,讓品牌多了先前沒有的聯想,令人感到吃了也沒關係——M&M's有真正的食用價值,不只是有時會加花生的糖。M&M's的行銷沒從糖果的外觀著手,改成瞄準糖殼的內部:滑順的花生醬、咬起來嘎吱作響的椒鹽捲餅。充滿奇思妙想的包裝上,橘色的M&M's做X光檢查,照出糖殼裡的椒鹽捲餅,不僅立刻傳達出這顆糖的食用價值,也傳達出M&M's公司的原料透明度。

在「可以吃」這一塊,公司還提供食譜與量匙、攪拌碗等周邊用品,將M&M's連結至烘焙。這麼做帶來了兩種層面的訊息:一是M&M's是真食物,「不只是一顆糖」;此外,也在人們腦中將M&M's連至有益身心的活動,通常是親子或祖父母與小朋友相處的時光:大人小孩一起揉麵團,丟進M&M's後,看著餅乾在烤箱裡膨脹,再擺到架子上冷卻,最後一起享受甜點。

當然,M&M's不必向你挑明這一切——你的大腦原本就有各種正面的烘焙聯想,也因此M&M's搭上現成的大腦網絡順風車。這下子只要看見M&M's出的烘焙包（M&M's Baking Bits），你腦中就有實體連結；只要看到M&M's品牌，就會想起和奶奶一起烤東西的正面感受。由於好的連結在你的連接組佔上風，你不會把M&M's想成人工色素或加工食品。我們因此能理解，為什麼我們會直覺抓一包M&M's，而不是別的零食：M&M's是無傷大雅的小小放縱。

M&M's的觸角不停延伸出去，在一度八成被視為毫不相關、今日卻覺得理所當然的地方生長。以運動隊伍為例，你可以上網購買聯名款的M&M's，上面印著你喜歡的美式足球隊或棒球隊的圖樣，還能順便挑選相關主題的服飾。

真要講起來，糖果和棒球有什麼關係？答案屈指可數，但棒球是深受喜愛的美國傳統。你身邊的紅襪隊球迷或洋基隊球迷，會開心收下印著球隊代表色的M&M's；如果那袋M&M's被丟到你的大腿上，你也會開始把M&M's品牌與最喜歡的球隊聯想在一起。還有，很多人也知道，有的球迷很瘋狂，不遺餘力支持主場隊。你對紅襪隊或其他隊伍的熱情，此時有部份在不自覺的情況下被轉移了。這種轉移同樣是實體的，會重塑你的大腦，影響你的直覺品牌偏好。

相關的連結還不只這樣：當M&M's人物打扮成自由女神像，或是穿上白金漢宮衛兵的制服，它們就連結了觀看者為國家感到自豪的情懷；當M&M's的綠小姐擺出瑪莉‧蓮夢露（Marilyn Monroe）的姿勢，模仿那張著名的照片，裙襬在城市的人行道被風吹起，也或者是綠小姐和其他的「代言糖」，模仿披頭四的暢銷專輯《艾比路》（*Abbey Road*）封面，這些時刻都會形成新的聯想。我們喜歡的電影明星、搖滾明星、演員，被加進了龐大的 M&M's 品牌連接組。

此外，M&M's 還依據不同的季節，以及剛才提過的節日，提供各種慶祝款的包裝設計與產品顏色，例如冬天是紅配綠，美國國慶日則是紅白藍三色等等。

M&M's 把品牌連結至民眾生活中受到喜愛的熟悉面向，獲得相關的正面聯想。就連你在閱讀本章這一節的時候，一切也正在起作用。或許你不曾看過 M&M's 扮成披頭四，但這下子腦中出現連結披頭四與 M&M's 的神經路徑、M&M's 與瑪莉蓮・夢露的路徑，以及 M&M's 和剛剛烤好的餅乾。

隨著 M&M's 品牌延伸觸角，大腦把事物兩兩接在一起。新的神經路徑出現，緩緩拓展 M&M's 的品牌連接組，愈變愈大、愈變愈大，就好像點與點被強迫連結，形成縱橫交錯的新路徑。這下子 M&M's 不只讓人有一種聯想──不會「只是糖果」──而是有許許多多的聯想，甚至是成千上萬、大爆發式的連結，構成一個稱霸一方的巨大生態系統。

相關聯想在這種人工色素糖的周圍形成「善意的緩衝區」（buffer of goodness），把 M&M's 的地位與顯著性，提高到偶像的層次。即便處於重視健康的文化浪潮，它照樣是人人趨之若鶩的零食。此外，從烘焙、愛國精神到受歡迎的名人與體育隊伍，生活中這些五花八門的接觸點全加在一起後，M&M's 成為人們覺得可以吃的直覺偏好選擇。

然而，萬一你是小公司或新創公司，那該怎麼辦？其實品牌不必有 M&M's 那麼大，也能帶來直覺的選擇。即便初出茅廬，照樣能在你的領域打造出足以抗衡大企業的品牌連接組。首先，請觀察主要競爭者的連接組。研究一下對手會讓人想到什麼之後，你就會知道它們的弱點，進而能找出該從什麼角度定位自己的公司、理念或點子。

從許多方面來看，剛起步的小品牌反而有優勢，因為你可以明確想好要如何定義連接組。如果你從一開始就精心培育自家品牌的連接組，你將更能追蹤連接組的成長，管理發展的方向。老品牌的連接組由經年累月的聯想構成，有好有壞，你的則是白紙一張。換句話說，你有辦法做到更精準的行銷與傳播，達成想要的目標。

如果做得好，大腦幾乎會像是被壓倒性的大量聯想淹沒，你的品牌將佔據非常大的空間，大到成為直覺的選擇。所以說，如果要搶攻真正的心佔率，讓人們做出你樂見的決定，就必須讓你的連接組在他們腦中茁壯成長、不斷開枝散葉與扎根，促使神經路徑愈長愈多。這個過程，我稱之為**大腦分支**®（Brain Branching®）。

大腦分支

大腦是學習機器，每當學到品牌的重要新知時，新聯想就會被加進既有的神經樹突（dendrites），也就是分支。當原本的分支滿了，新資訊無處可去，便一定得長出新分支，才裝得下額外的聯想，這就是樹突叢聚（dendritic arborization）的過程。如同植物長出新葉，大腦分支象徵品牌的健康程度──代表品牌有生氣，能增添新的記憶與聯想，不斷演變與成長。如果加進大量的聯想，品牌會佔據大腦更多的記憶結構，成為直覺式的偏好。

舉例來說，幾乎人人都曉得「現任者優勢」（incumbency advantage）。也就是目前在任的政治人物，勝選的機率大過對手。以美國總統選舉來講，這種趨勢可以回溯到華盛頓在1792年連任。美國國會的整體選舉結果也看得出現任者優勢，包括在2020年的選舉，93%的現任者在各自的選戰中勝出。類似的數字還有在1964至2022年間，美國眾議院的連任率平均達到93%，美國參議院的連任率則是83%。

相關數據大概不令人意外，畢竟現任者在任職期間獲得數年的曝光，累積了民間聲望。這種重複曝光等同於成千上萬次的免費廣告，絕對是現任者很難打敗的原因之一，不過卻不是唯一的原因。

總統在任職期間，地位與重要性都會提高，這再次是正面聯想帶來的結果。我們定期看到美國總統與最高層級的全球領袖互動、在聯合國發言、在白宮橢圓辦公室簽署法案；總統發表國情咨文時，在美國國會大廈的眾議院大廳，站在議員面前，後方則是黑白相間的宏偉大理石柱，美國國旗垂掛致意，兩側還有象徵權力的金色束棒。

這些符號內含穩定、民主、堅韌、耐力等聯想——事實上，它們是最崇高的幾種符號，人們會將內隱聯想（implicit

associations）*投射在上頭。由於我們對品牌的了解，其實出自於品牌帶有的聯想，因此這一類的聯想提高了現任者在我們心中的重要性，增添了我們的敬意，就好像我們在腦中把他們捧得高高的。

國會議員也一樣。看到他們在高台上演講，與社區、州級和國家領袖會面，並出現在關鍵的聽證會上──所有的聯想都會持續在腦中製造出新的實體連結。我們愈常看到議員以正面的形象出現在代表權力的地點，腦中的分支愈會擴散出去。力量、領導與重要性等隱含的意義，以實體的形式移植進我們的腦中，也難怪現任者不好打敗。現任者唯一有可能輸掉選戰的情形是相較於正面的聯想，他們的連接組有著大量的負面聯想。

正面的接觸點愈多，受眾對候選人的觀感就愈好。那就是為什麼前美國總統歐巴馬在爭取連任時，上了《觀點》（*The View*）與《吉米夜現場》（*Jimmy Kimmel Live!*）等節目。他的太太蜜雪兒（Michelle Obama）在2013年透過連線，頒發奧斯卡的最佳影片獎。歐巴馬的團隊一定是直覺就知道，這些錦上添花的接觸點能把歐巴馬的連接組，從政府的領域拓展至大眾文化──更多的開枝散葉。

你很難比得過這種優勢。隨著大腦分支擴散出去，有如接掌了大腦、除舊布新，替連接組抵擋傷害（或對手的攻擊）。不過，不是只有現任者能成功催生龐大健康的連接組，任何的個人品牌都可以。每一個想打造個人品牌的人士，都能從研究超級主

---

* 譯注：指潛意識裡的聯想。

持人歐普拉（Oprah Winfrey）的崛起學到很多。

在女星葛妮絲・派特洛（Gwyneth Paltrow）創辦goop公司、居家名人蓋恩斯夫婦（Chip and Joanna Gaines）開設木蘭公司（Magnolia），或演員潔西卡・艾芭（Jessica Alba）成立誠實公司（Honest Company）之前，主持人歐普拉已經當了開路先鋒。她可說是名人之中的第一人，率先把個人品牌拓展為真正的生活風格品牌。

歐普拉起初在美國納什維爾（Nashville）的地方電視台擔任晚間新聞的共同主播，她的談話式風格魅力十足，立刻引起觀眾關注。1986年開播的《歐普拉・溫芙蕾秀》（*The Oprah Winfrey Show*）不出意料，很快就取代菲爾・唐納修（Phil Donahue），成為收視第一的聯播日間談話性節目。

個中原因很簡單。對觀眾來講，歐普拉親切隨和的風格讓人感到像是朋友到自家客廳閒聊。她是值得信賴的人，會講心事、願意坦承減重的奮戰過程，也不諱言小時候被性侵、不害怕針對各種主題說出想法。在觀眾眼中，歐普拉不只是談話性節目的主持人或名人，而是知己。

觀眾的大腦以正面的方式，一次又一次接觸到同一個人，開始感到與歐普拉有著幾乎是家人一般的連結。從某方面來講，**歐普拉的確**成為觀眾的一部份，因為她進入了觀眾的大腦記憶結構。

雖然以上解釋了歐普拉最初的崛起，但那不是她能超級成功的原因。如同《哈利波特》與M&M's的例子，歐普拉的品牌採取多角化經營，從娛樂領域拓展到生活中的其他眾多面向。她的連接組因此不只在節目觀眾的大腦中成長，就連一般大眾也認得她。

歐普拉成為體重管理公司WW（原名「慧優體」〔Weight Watchers〕）的代言人，還成立全球知名的讀書俱樂部，並創辦歐普拉慈善基金會（Oprah Winfrey Charitable Foundation），捐贈4億美元給各種公益事業；她不只辦雜誌，還好像一個電視節目不夠似的，乾脆打造出完整的電視網。民眾把歐普拉的營養建議、食譜與節食訣竅奉若神明，她的讀書俱樂部則向我們介紹最優秀的作者。一本書只要獲得了「歐普拉」的認證，在上節目一星期後，平均銷量會上漲420%。

歐普拉的分支朝著無數方向發展，數也數不清，每一個都擊中我們生活中的又一個接觸點。她的品牌有著多重面向，以實體方式主宰我們的神經路徑。你可能是歐普拉的忠實觀眾，也可能不曾完整看過一集節目；你或許是15歲，也可能是95歲；你可能住美國，也可能住阿富汗，但這都沒關係。歐普拉連接組的涵蓋範圍非常廣，全球各地的人都認識她。

歐普拉從過去到現在，一直相當勵志、鼓舞人心。她雖然是女性，又沒有家世背景，卻在2000年代初成為第一位黑人女性億萬富翁，帶領著龐大的媒體帝國。即便如此，歐普拉依然讓人感到她和我們是一樣的。也難怪在2020年美國總統大選的前夕，《PBS新聞一小時》（*PBS News-Hour*）、全國公共廣播電台（NPR）與馬里斯特學院民調機構（Marist Institute for Public Opinion）一起做的民調顯示，如果歐普拉出馬參選，與現任的總統一較高下，半數的已登記選民會投給她。如果歐普拉還真的參選了，誰知道呢？她的連接組是如此蒸蒸日上、多元發展，說不定還真能翻轉現任者優勢。

歐普拉的例子讓人看出，品牌如果不只在一處耕耘，而是在整片原野上播種，便能延伸至大腦的四面八方。在大眾腦中觸及多個接觸點的現任者也一樣，多年打造連接組的候選人有著龐大的優勢；相較之下，新進者必須想辦法打進市場，試著快速建立品牌。

歐普拉等名人會如此成功，原因是他們有能力長出正面聯想無庸置疑的大型連接組。不過，歐普拉起步時和其他每一個人都一樣——只是一顆默默無聞的種子。在大腦裡長出分支就是如此神奇，只要照規則走，任何人都能讓這件事發生。

這一切再次與形成連結有關：想要興盛的話，你必須持續成長，讓品牌在人們的腦中開枝散葉。以實體方式在大腦裡出現一層又一層的聯想，就能帶來令人難以置信的顯著性。不管市場有多擁擠，照樣能成為首選。

不論是一本書的頭一章、包覆巧克力的硬糖衣、一場政治宣傳，或是地方電視台的工作，一切始於第一顆種子。我在本章的開頭寫道，讓你的品牌在市場上有財務發展的唯一辦法，就是要先在人們的腦中成長。從一顆小小的種子，長成巨大的紅杉。

有一棵比較不出名的樹（至少西方讀者較不熟悉），或許比紅杉更適合拿來做這裡的類比。印度東南部有一棵名為蒂瑪瑪（Thimmamma Marrimanu）的榕樹，樹齡超過550歲，它有著全球最大的林冠，覆蓋面積超過五英畝，在佛教徒、印度教徒與其他東方宗教的追隨者心中，帶有重要的宗教意涵。

從上方看的時候，這棵生長在不毛之地的榕樹，廣闊的林冠覆蓋住地表，象徵著堅忍不拔、生命與成長。蒂瑪瑪的樹枝朝四面八方擴散，層層疊疊。雖然一共就一棵樹，卻自成一片森林。在林冠下方，縱橫交錯的樹根，也在土裡形成一張巨大的網。這棵樹不只靠自己——地方上的林務局小心翼翼照顧這棵樹，促使年輕的樹根冒出來，大樹根也持續成長。

　　你的品牌連接組也能和蒂瑪瑪榕樹一樣茁壯，不過你得澆水、施肥與提供土壤。如果沒有好好照顧，品牌將永遠不會發揮最大的潛能。

03

找出直覺選擇的捷徑

直覺規則： 你無法強迫人購買你的品牌，但可以改變他們的直覺行為。

　　一整個系列的起司，儘管有著形形色色的種類、形狀、尺寸，卻硬是找不到任何印著一頭乳牛的包裝。

　　在1990年代中期，大型起司公司A似乎遵守一條不成文的原則：所有的包裝和廣告，全都要避免出現乳牛、酪農場和牛舍。這間公司不把重點擺在起司的產地，而是行銷便利性，大力推銷預先刨好的起司，用一系列的創新產品席捲市場。

　　對全美忙碌的父母來講，起司預先刨成絲，能讓做飯甚至是點心時間都變得更容易、更簡單，當然也更快。孩子吵著要吃起司玉米片的時候，誰有時間拿出刨絲器，慢慢削好一塊起司？

　　A公司把削好的起司裝袋，推出各種量身打造的版本——例如適合披薩之夜的莫札瑞拉起司、適合製作塔可餅的招牌綜合起司、替早餐蛋增添刺激風味的胡椒傑克起司（pepper jack）──並成功售出幾百萬袋。

然而，所有的廣告與推廣重點，只擺在預先刨好的起司絲與可以重複密封的塑膠袋，竟無意間在消費者的腦中累積新聯想，公司高層卻渾然不覺。一段時間後，那些聯想成為無形的障礙：民眾覺得這種預先削好、預先包裝的產品，根本不是真的起司，而是某種高度人工、不自然、摻雜塑膠的混合物。於是，品牌的市佔率開始下滑。

或許A公司不肯在包裝上放乳牛，原因是自己會聯想到肥料的氣味、髒亂，甚至是全球暖化（畢竟排放至大氣層的溫室氣體中，乳牛在農業類別是排名第一的來源）；也或者，他們感到公司必須避免陳腔濫調，不要跟大家一樣都放常見的酪農場圖案。很不幸，這間全球最大的起司公司決定不使用「源頭影像」（你吃的食物來自哪裡的視覺圖像），給對手帶來趁虛而入的好時機。

在那段期間，從Aldi超市的開心農場（Happy Farms）、Safeway超市的琉森酪農場（Lucerne Dairy Farms）到Kroger超市等自有品牌與商店品牌（store label）*，幾乎每一家廠商都推出旗下的起司產品，而且包裝上滿是紅白相間的牛舍、銀色穀倉與荷蘭乳牛，成功從A公司手中搶下大量的市佔率。

雖然消費者最初感到A品牌的產品優於商店品牌，也願意掏比較多錢購買，但後來也開始相信，商店品牌的起司其實一樣

---

* 譯注：商店品牌與自有品牌相同，都是由零售商自行開發與管理的產品，但商店品牌通常只在零售商自己的通路販售。

好,說不定還更勝一籌。即便如此,A公司還是沒讓乳牛登場。

如果你問消費者,他們覺得哪一種起司圖像最吸引人、他們最喜歡哪一個,人們會指著一片披薩上的拔絲起司、滿到溢出漢堡的黏稠起司,或是指著用叉子挖下一口完美的千層麵時,上頭融化的美味起司。

然而,如果問同一群消費者,**高級**的起司長什麼樣子,他們腦中儲存的影像截然不同,不約而同想起整塊的輪狀起司或三角型起司,以及乳牛、酪農場、藍天艷陽下的翠綠草地;他們就連想到的地點也一樣——他們全都想起威斯康辛的農村、佛蒙特州的鄉間,以及其他靠近起司源頭的地點,並把這些事物與地點等同於高品質。

自有品牌不像A公司,沒什麼特殊限制,也毫不猶豫使用了起司源頭的意象。隨著酪農場、乳牛與真起司等正面聯想被加進商店品牌起司的品牌連接組,大量的神經路徑冒了出來。漸漸的,商店品牌與自有品牌的起司連接組有著愈來愈大的實體——隨著高品質與專業的聯想增多,在腦中的顯著性也提高。

自有品牌的起司成為消費者的直覺首選,A公司的連接組則充滿愈來愈多負面聯想,顯著性也隨之降低。這種事令人感到難以置信,畢竟A公司率先在美國販售起司給一般大眾,在乳製品方面的專業無庸置疑。然而,事關潛意識的時候,實情是什麼不重要——一切要看觀感與隨之而來的聯想。

消費者不需要廣告告訴他們,廣告出現的畫面代表什麼意思,或是哪個起司品牌更健康、更天然、更可靠,美國文化已經代勞。在我們的一生中,相關聯想已深植於記憶。當品牌把自己連結至酪農場、輪狀起司與三角起司（感覺上才是真起司、更接近真正的乳製品源頭，在民眾心中有更崇高的地位），不論是老牌子或剛進入市場，都能搭上這種連結的順風車。

這些可不是什麼稍縱即逝的情緒，此時品牌是在利用早已寫進神經路徑的內隱聯想。這是最小阻力之路──搭乘腦中現成事物的便車。有一點很重要：品牌或產品讓我們感受到的情緒連結，其實是一切正面聯想帶來的**結果**，而不是原因。

自2000年代中葉起，康納曼等心理學家讓我們了解不理性決策的本質。康納曼的作品《快思慢想》進入主流，讓大眾對於行為科學有新的理解。整個行銷與廣告產業也趕上這股熱潮，但太快下了錯誤的結論，還以為既然大眾會以不理性的方式做決定，那就必須以挑逗**情緒**的方式與人們溝通。

然而，情緒連結不是以那種方式起作用的。這個觀念一直是行銷最被誤解的面向。世上沒有「對品牌的愛」（brand love），連結不會來自於過度表達情緒，也與幽默、傷感或煽情的訊息無關，不論文案寫得多好都一樣。情緒是一時的，因為某樣東西笑出來，接著那股感覺就消失了，不會滲透進人們的記憶結構。你必須利用人們腦中既有的現成聯想，連結至你的品牌──情緒連結是那樣來的。

A公司後來終於在包裝放上三角起司與輪狀起司，並特別用文字強調「天然起司」。雖然這個做法挽回了流失到自有品牌的部份顧客，但市佔率不曾回到全盛時期。A公司當初主打「便利」的時候，其實也該用上酪農場與高級起司的圖片。舉例來說，他們可以描繪起司達人從起司輪挖出起司，展現起司絲是哪來的。如果這些影像與概念被一起呈現，原本能同時傳達「天然」與「便利」，有效疊加多種訊息，拓展顯著性。

情緒其實和業界流行的講法相反，情緒是無用的。如同你無法強迫某個人愛你，你也不可能強迫大眾愛上你的品牌。此外，問題不只限於愛而已——如果無法帶來持久的正面聯想，任何過度強調情緒的廣告終將失敗。

這個道理也適用於幽默。如果做對了，幽默是打造品牌的利器，有辦法滲入記憶結構。然而，廣告公司通常把逗人笑擺在建立顯著性之前，導致廣告裡的幽默給人的印象，比品牌本身與品牌的好處還深。以2023年的超級盃為例，Quiznos潛艇堡連鎖店砸下數百萬美元，製作與播放「海綿猴」（Spongmonkeys）的廣告，內容是小小隻的毛茸茸生物，唱著講Quiznos潛艇堡的歌。這支廣告雖然引發一些笑聲，卻沒能帶動業績。

同一年，彩虹糖（Skittles）也發生同樣的事。公司推出「彩虹糖痘」（Skittlepox）的廣告，敘述愛吃彩虹糖的人得了傳染病，整張臉長滿五顏六色的糖果（甚至從臉上摳下糖果吃掉）。由於這支廣告並未傳遞出彩虹糖的美味，也沒讓人感受到糖果帶來的喜悅，這筆錢花得並不划算。當幽默或胡鬧蓋過了故事，品牌就無法滲入任何有意義的訊息，沒能說出自己究竟好在哪裡。

然而，如果你懂品牌連接組與正面聯想如何帶動選擇，不論在哪個領域，你都可以改變人們的直覺行為，使人一次又一次選擇你的品牌。你要把品牌連結至受眾關心的事，才有辦法打進他們的直覺腦。

以起司為例,消費者愈來愈在意天不天然,也不喜歡加工食品。此外,他們也在乎食物來自哪裡,認為農場直送的勝過工廠製造。這不代表消費者在超市挑選洛克福起司(Roquefort)的時候會有意識的想著這些事;這些聯想儲存在他們的記憶裡。前文說過,如果要在市場上帶動成長,你得讓相關聯想在消費者的潛意識腦成長,此時你需要**成長觸發點**®(Growth Triggers®)助你一臂之力。

成長觸發點

成長觸發點是指充滿正面聯想的簡潔代號或提示。這種簡單扼要的捷徑透過我們的五感,傳送正面的聯想與豐富的意義。那些富有意涵的影像、文字、聲音、氣味甚至是質地,全都能觸動腦中原本就有的回憶、印象與美好感受。

成長觸發點有如特洛伊木馬,透過熟悉的事物,悄悄把新點子偷渡進我們的心智;一旦進入腦中,就會引發大量正面的聯想與意涵,佔據大腦各部份、遍地開花。成長觸發點能應用在溝通、顧客體驗與產品,打造出更成功的創新。

事實上,成長觸發點勝過千言萬語。那就是為什麼從廣告與傳播的角度來看,成長觸發點高度有效。與起司產品相關的乳牛、酪農場、輪型起司與三角起司塊,即為完美的例子——這幾樣東西在我們腦中有太多正面的聯想和崇高的地位,我們直覺就受到吸引。此外,它們在消費者心中的意涵是共通的。提示如果只會對一小部份的受眾或特定族群起作用,那就不能算是成長觸發點。

　　在品牌與提示之間建立連結，便能快速增加你的連接組在目標受眾大腦中的實體足跡，情緒則辦不到。真誠或幽默的訊息不論多巧妙，都不會帶來你與消費者的強大連結，因為那些訊息轉瞬即逝，不會深深刻在人們的記憶裡。情緒連結實際上不是來自傳達情緒；唯有當品牌使用的成長觸發點，符合原本就存在目標受眾腦中的概念，才會出現情緒連結。

　　各位或許還記得本書的引言提過，當我費了九牛二虎之力，終於說服我在嬌生的上司讓嬰兒洗髮精廣告出現爸爸，我找到了第一個超級提示。爹地溫柔照顧新生兒，傳達出大量的正面聯想，包括強壯又體貼的父親，以及終於能休息一下的媽咪。如果要讓正面的聯想連結至你的品牌、點子、理念或產品，這樣的提示不可或缺。也因此，雖然看似違反直覺，但建立情緒連結的關鍵不是**傳達**情緒，而是利用人們感到熟悉、充滿正面聯想、大腦原本就理解的提示。

　　每一個產品類別與品牌，全都有數量有限的基本提示。換句話說，你的品牌要成長的話，就要佔領你的領域的成長觸發點，不能只運用與自家品牌有明確關聯的觸發點。一旦失去重要的符號標誌，就會輸掉整個產品類別。以本章提到的大型跨國起司品牌Ａ為例，起司類別最有力的提示與代號是健康、天然、靠近原產地的乳製品意象，但Ａ公司停止運用其中好幾項，也難怪自有品牌與商店品牌大舉入侵。

　　當消費者看見某個品牌帶有相關的提示，也就是當品牌象徵的意義，符合購物者腦中原先就知道的事，消費者頭上的燈泡會亮起,有如兩塊拼圖天衣無縫的接在一起。此時直覺會接手。不需要下重本打廣告,也不需要折價券,光是包裝的設計便能讓人一拍即合。

不過,成長觸發點不只侷限於視覺包裝,適用的範圍很廣。各式各樣的感官提示都能讓接觸點打中受眾:書面溝通、社群媒體、廣告、現場活動,甚至是執行長的演講或法說會——任何的聯絡點都是一次機會。請想辦法發揮創意,運用成長觸發點。不然,你覺得為什麼笑牛牌(Laughing Cow)要用一塊塊的三角狀起司,拼成一個輪型呢?

成長觸發點原本就在我們腦中

成長觸發點早已存在某處,只需要找出來就行了。許多成長觸發點內建在特定的類別,一旦你知道要找什麼,就會發現到處都是。以金融服務為例,引進線上交易、金融科技(fintech)問世,以及瞬息萬變的市場,每年持續刺激這個領域成長。依據投資百科(Investopedia)提供的資訊,金融服務市場在2021年底達到22兆5千億美元,較前一年成長9.9%。今日的金融服務區塊佔全球經濟的20%至25%,隨時都有新進者試圖搶佔這塊愈做愈大的餅。

羅賓漢公司(Robinhood)就是其中一位挑戰者。這間公司成立於2015年,在股票、ETF與加密貨幣的免手續費交易活動中,位居最前線,其交易一律透過行動app進行。公司的使命是「全民都能參與金融」,也打造出對應的品牌。羅賓漢的LOGO

是一根簡單抽象的綠羽毛,如同傳說中插在民間英雄羅賓漢帽子上的那一根。幾乎無人不知羅賓漢是對抗暴君、劫富濟貧的好漢,而一根羽毛便能召喚出這個形象,傳達出人人都能致富的概念。

一根羽毛能如此威力無窮,原因在於它只是一個片段、一個極度簡潔的提示,而最好的成長觸發點正是如此。羅賓漢公司不需要畫出羅賓漢的帽子,只要羽毛就夠了。一個可辨識的視覺圖像的一角,讓我們自行「腦補」,帶來羅賓漢公司想要見到的連結。

腦補對大腦來說是有趣的活動。人類的心智會想辦法填空,自行得出聯想。羅賓漢給出一小塊拼圖,讓人們的大腦設法破解,就好像在和羅賓漢公司合謀一樣。各種紀念羅賓漢的知名民間傳說,至少出現在90本書裡面,而且可一路回溯至19世紀;此外,還有超過20部電影講述這位劫富濟貧的綠林好漢。從1938年的艾羅爾・弗林(Errol Flynn)到2010年的羅素・克洛(Russell Crowe),眾多演員都曾扮演過羅賓漢。

另一個例子是亨氏(Heinz)番茄醬。雖然亨氏番茄醬無所不在,但隨著時間流逝,這個調味料逐漸與經過高度加工的食物聯想在一起,偏偏消費者在選擇要吃什麼的時候,又愈來愈注重健康。天然正夯,加工出局。亨氏在面對這股潮流時,努力擺脫愈積愈多的負面聯想。亨氏是怎麼做的?他們提醒消費者番茄醬的源頭:新鮮多汁的亮紅色番茄。

亨氏創意十足的「切片」(Slices)廣告,跟切番茄片一樣,把著名的亨氏番茄醬玻璃瓶切成片,並在一般是白色瓶蓋的地方,放上綠色的番茄蒂頭,又用廣告詞「100%純天然」來強化這個畫面。瓶子、番茄、廣告詞,個個都是成長觸發點,能召喚出新鮮多汁的紅番茄正面聯想,有如直接從你家菜園的藤蔓上,摘下夏日的第一批收成。

消費者看到這個廣告影像時秒懂,改變了觀感,亨氏番茄醬瞬間從高度加工的調味料變成天然食品。這個影像借用了觀看者先前就有的神經路徑:熟透的切片番茄具備的大量正面聯想。如果光是圖像還不夠,廣告詞也進一步強調這個概念 —— 亨氏番茄醬不是**加工食品**,而是純天然。如同羅賓漢公司的例子,這些聯想不是亨氏製造出來的,而是原本就在民眾腦中。

此外,不只是傳遞訊息時可以利用成長觸發點,產品創新其實也一樣。人人都知道十個新產品,九個會失敗,每一位行銷人員與企業領袖也都清楚這個統計數字。若要反轉這種戰績,持續推出成功的新產品,最好的辦法就是利用現成的消費者行為。

家樂氏在2001年4月推出的草莓香脆麥米片(Special K Red Berries),就是好例子。這款穀片開闢新局,成功到家樂氏一開始還得拜託零售商**不要**推銷這項產品,因為需求一飛沖天,生產跟不上。2002年的《華爾街日報》報導指出,家樂氏打敗通用磨坊(General Mills),成為全美的穀片龍頭。

為什麼這項產品創新如此成功?草莓香脆麥米片靠的是人們原本就會做的事。把水果切片後擺在穀片上,是數百萬人常吃的早餐。然而,到店裡買新鮮草莓不一定方便,況且草莓很容易爛 —— 某天早上,你從盒子裡取出草莓,切了幾片,剩下的扔回冰箱的蔬果區;等你再度想起家裡的草莓還有剩時,它們早已發霉。

此外，當早上急著出門，上班快要遲到，你大概不會覺得有時間切幾片漂漂亮亮的草莓。當然，穀片附的冷凍乾燥草莓比不上真正的草莓，但在所有正面聯想的助攻下，便成為可以拿來湊合著用的第二名。只要在食物櫃裡放一盒草莓香脆麥米片，就能不傷腦筋、快速享用健康的早餐。

如何找到成長觸發點

刺激（stimuli）是情緒連結的入口，也因此尋找有用的代號與提示時，有正確的刺激十分重要。如果要找到正確的成長觸發點，你必須考慮至少會影響到一種五感的刺激。如果顧客能看到、聽到、摸到、嚐到或聞到，那種刺激就有機會當成認知捷徑。事實上，它早就是了。你唯一需要做的，只有在碰上時，辨識出這些心智捷思法，再運用於所有的行銷接觸點。

影像觸發點

視覺型的成長觸發點（Visual Growth Triggers），我們公司稱之為「影像觸發點」（Image Triggers®），其威力最為強大──在學習方面，它比文字更有力量。視覺輸入的處理是最重要的記憶形成環節。當你看見一個影像，那個影像會在你的記憶中儲存兩次，同時儲存成視覺材料和文字，但如果看見的是文字，則只會儲存一次。此外，依據3M的研究，人類處理影像的速度是處理文本的6萬倍。

如同羅賓漢公司LOGO裡的綠色羽毛，以及酪農場、乳牛與三角狀起司，影像觸發點是任何能引發內隱聯想的顏色或圖示。樹木是常見的例子。身為消費者的我們不需要被告知，樹木象徵著生命、成長與庇護，我們會自動做出那些連結。樹木被當成影像觸發點的時候，一張視覺圖像就能傳遞所有相關的聯想。

另一個例子是Nike。Nike的LOGO傳達出速度、活力與往前衝的動能，讓人想起古早的卡通人物，例如嗶嗶鳥（Road Runner）戲耍威利狼後，一溜煙逃走，只留下漫天塵土和羽毛後方的「速度線」（speed line）*。Nike的勾勾有如現代版的速度線，暗示著極快速的動作。把勾勾直接擺在Nike下方，有如擺在人的腳下，引發腦中的聯想。效果到了今日照樣強而有力，一如五十年前。

語言觸發點

Nike並未止步於打勾商標，和這個商標同樣傳奇的，還有令人朗朗上口的三個字：「Just do it.」Nike的口號和亨氏的「100%純天然」一樣，屬於語言類的成長觸發點。語言提示和影像觸發點一樣，仰賴現有的連結——無須解釋，因為已經在我們腦中。

「Just do it」幾個字的力量，來自我們已經建立的眾多正面聯想。這句話傳遞出堅持、投入與動起來的精神，但完全沒提到這些詞語。當我們聽見「Just do it」，不需要停下來細想是什麼

---

* 譯注：漫畫手法裡代表物體移動的抽象線條。

意思，立刻就打中我們的心。

你可以在相當意想不到的地方，找到語言類的成長觸發點，例如瑞士裔美國人皮埃爾–尤金・迪西默蒂埃（Pierre-Eugène du Simitière）想出 *E pluribus unum*（「合眾為一」）這句拉丁文，在1776年建議把它加進美國國徽。今日，每一枚美元硬幣的背面都自豪的標示著這句話。

許多語言類的代號與提示，被政治圈用於爭取支持或反對某個公共政策，例如「死人稅」vs.「遺產稅」、「氣候變遷」vs.「全球暖化」。此外，社會運動也有很多例子，例如1960年代的「做愛不作戰」（Make love, not war）。

就連謀殺案審理也有它們的蹤影。刑事辯護律師強尼・柯克倫（Johnnie Cochran）的名言「如果不合身，就得判無罪」（If it doesn't fit, you must acquit.），即為效果強大的語言捷徑。這句話的出處是他代表辯護的殺妻案嫌疑人O・J・辛普森（O. J. Simpson），在審理期間被要求試戴證物手套。

此外，辛普森這一方採取的辯護手法是大量使用簡單、耳熟能詳的用語，讓一般民眾或陪審員一下子就能聽懂，例如提到DNA證據時，另一名辛普森的辯護律師貝瑞・謝克（Barry Scheck）把案發現場遭到破壞，形容為「垃圾進，垃圾出」（garbage in, garbage out），立刻讓人質疑所有對辛普森不利的證據是否有效。

在此同時，檢察官那邊則使用大量晦澀難懂的資料，讓陪審團消化不良，其說服力遠遠不如好懂的簡潔句子。我們的大腦很懶，不想要努力工作，任由高效的認知捷徑替我們瞬間做出決定。陪審員必須在辛普森案的審理期間做出選擇：一邊是大量的複雜資訊，必須徹底研究，才能做出判斷；另一邊則是能秒懂的簡單觸發點。檢察官在面對另一方的妙語如珠時毫無勝算。

語言觸發點（Verbal Triggers™）對於顧客體驗特別有用。舉例來說，顧客在點餐櫃檯說謝謝，福來雞（Chick-fil-A）速食店的服務人員永遠不會回答「不客氣」，而會說「我的榮幸」（My pleasure.）。這種答法傳達出服務人員真心想協助顧客。這句話來自真誠的客服使命，向顧客保證他們以助人為樂、享受工作。今日的企業很難做到尊榮的顧客體驗，但一句正面的口號，就能在公司與顧客的互動出了差錯時，讓服務瑕不掩瑜。

聽覺觸發點

聲音會帶來立即的聯想。鳥鳴？春天，回春，重生，陽光灑落，百花齊開。用微軟系統成功寄出電子郵件，會發出「嗖」的提示聲？使用者感到按下傳送，就好像真的把信封投入早期的郵管（mail chute）*──即便他們在真實的世界，從來不曾那樣做過。整體的感官體驗令人極度滿意。值得一提的是，這個聲音內建在我們大腦某處，或許可以一路回溯至飛鴿傳書的年代，鴿子腳上綁著信，「嗖」一聲飛走；也或許，「嗖」是把信封塞進郵筒的聲音。總之，這些提示一路通到人腦的某個地方。

音樂是另一種聽覺提示。許多當代音樂利用已經生長數十年的龐大連接組，在現成的聲音、風格與主題往上疊加。事實

---

* 譯注：19世紀所發明，連結建築物各樓層投信口的管道。

上,整個音樂產業都仰賴耳熟的旋律主題,要是少了熟悉的旋律,我們的心智會抗拒大部份的新樂曲。這也是為什麼你最喜歡的歌,即便只是抽取很短的重複樂段,也能立刻引發情緒反應。

嗅覺觸發點

空氣清新劑的首選氣味是「清新亞麻味」(Clean Linen)。這個排名應該不令人意外,因為每個人都知道,把鼻子埋進剛洗好的衣服會聞到什麼。或許你想起爸媽鋪好剛從烘衣機拿出來、還帶有暖意的床單,接著幫你蓋好棉被;或許你想起祖母在出大太陽的早上,在後院的曬衣繩上掛好潔白的床單。如同所有的成長觸發點,氣味也會勾起內心潛伏的感受、回憶與潛意識裡的聯想——但力量又更強大。

科學家指出,相較於和其他感官相連的記憶,氣味記憶會**引發更強烈的情緒**。莫內爾化學感官中心(Monell Chemical Senses Center)的博士暨公衛碩士帕梅拉·道爾頓(Pamela Dalton)指出,「最初在年輕時體驗到的氣味」是最強大的,她替法國作家普魯斯特(Marcel Proust)的《追憶似水年華》(*In Search of Lost Time*)提供了解釋。書中的敘事者拿著瑪德蓮蛋糕沾茶水吃的時候,憶起了一樁童年往事。

想一想你從喜歡的店買來的松香蠟燭。你幾乎能聽見在林中,腳輕輕踏在小徑上灑落的松針的聲音;新鮮的冷空氣充盈你的肺,唯有在大自然,才有那種純淨的氣味。你的大腦跳轉至與家人共度的冬天節日,你們窩在燒得很旺的壁爐前。當你在最愛的百貨公司家居用品區,拿起貨架上的蠟燭,打開蓋子,聞了聞氣味,以上所有的潛意識聯想就會紛紛跑出來。

另一個例子是Bath & Body Works香氛零售店重新推出1990年代的熱門氣味「小黃瓜甜瓜」(Cucumber Melon),不僅讓人想起剛切好的黃瓜與新鮮水果香氣,也掀起懷舊的聯想——曾經有一個世代的女性在少女時期,星期五晚上會逛地方上的購物中心;當時還看不見有人拿著智慧型手機,只聽得見商場播放著後街男孩(Backstreet Boys)的歌曲。

味覺觸發點

味覺和嗅覺一樣,有可能帶來威力強大的成長觸發點。這不難理解,畢竟除了一天三餐,許多與親友的社交體驗也離不開吃吃喝喝,腦中自然建立了聯想庫。

KIND零食棒公司不同於業界的其他公司,沒把食品成分攪拌成認不出的大雜燴,而是保持食材的完整,用料扎實。消費者咬下KIND零食棒的時候,能看見形狀完整的堅果、葡萄乾與種子,進而知道自己在吃什麼——簡單的棒狀,讓人既有吃一把什錦果仁的樂趣,又有隨手就能抓一條的便利。

KIND零食棒的口感棒極了,但同樣重要的是,KIND悄悄與原形食物運動(real-food movement)連結。如同起司的例子,KIND縮短與天然食材源頭的距離,帶來正面的聯想。

觸覺觸發點

想一想產品在手中或腳下的感覺;想一想關上粉餅盒,「喀噠」一聲令人感到盒子厚實,不會沒用多久就壞掉。今日的包裝還有一個強大的觸覺接觸點,那就是牛皮紙。棕色包裝會立刻引發正面的聯想。消費者拿著未漂白的棕色牛皮紙包裝時,有一種天然的感覺,裡頭的產品似乎更可靠、更有傳統匠人感。

如果給人們三條一模一樣的巧克力,但包裝有三種,人們會覺得是三種口味,體驗也各不相同。請注意,什麼都沒變,只有包裝變了,就有這種效果。

個人品牌觸發點

不論在網路、工作或個人生活之中,今天的每一個人都試圖打造個人品牌。你可能正在申請大學,或是在辦公室尋求升遷,也或是為了個人教練職涯,努力在社群媒體上製造熱度。不論目的是什麼,當你積極替自己塑造品牌——換句話說,試圖把**自己**推銷出去——成長觸發點也能幫上你的忙,就跟幫忙大型的企業與組織一樣。然而,大部份的人以隨機的方式塑造個人品牌,沒有一套有效的系統性做法,也沒去思考如何能利用各種符號標誌,以事半功倍的方式推動職涯。

請想一想商業思想領袖賽斯‧高汀(Seth Godin)與他的招牌黃色眼鏡——這個顯眼的視覺提示,帶來智慧、好奇心與觀點獨特的聯想。那副眼鏡再加上大光頭,帶給高汀極高的辨識度,甚至受邀在電視上飾演自己(Showtime電視網的《金錢戰爭》〔*Billions*〕),進一步鞏固他身為商業代表人物的地位。

同樣的,你或許不會知道,造型變色龍女神卡卡(Lady Gaga)下一次將以什麼打扮出現,但她有一個形象引發強列的聯想，在我們心中留下深刻的印象：當女神卡卡頂著招牌的白金假髮與烈焰紅唇，她的外貌成為一道傳送門，讓人想起好萊塢從瑪麗蓮‧夢露到珍‧曼絲菲（Jayne Mansfield）的黃金時代；她和如今已故的老牌歌王東尼‧班奈特（Tony Bennett）合唱百老匯經典歌曲的那一刻，更是如此。那樣的人物印象設定深植人心，不論女神卡卡的造型如何千奇百怪，看到她，依然讓人想起耀眼奪目的偶像。

不過，你不必是高汀或女神卡卡，也能獲得成長觸發點的好處。舉例來說，如果要應徵工作，光是提供學經歷還不夠。教育背景、工作經驗和技能，只能讓你通過初步的篩選；更何況，所有應徵者的資歷八成都長得差不多。如果說，最終的人選決定，經常只是憑直覺挑一個的時候，那麼要如何脫穎而出？答案是利用決策者現成的連結。如果你不認識決策者，也不必擔心，因為成長觸發點放之四海皆準。成長觸發點非常有效的原因，就在於聯想的共通性，例如高汀的眼鏡傳達出聰明與好奇。

還記得化妝品公司的安娜嗎？她先是穿著俐落的白色套裝參加工作面試，日後到執行委員會面前簡報時，也穿著相同的戰袍。化妝品產業的重點，就是透過產品讓你看起來更迷人、心情更好。安娜的打扮除了希望投射出優雅的形象，也是為了讓決策者直覺「感到」她是正確的選擇。安娜的套裝是一股助力。

人人都知道白色的衣服不實用，而對安娜來講這正是重點，沒人會平常就那樣打扮。如同完美的口紅色調，這個服裝選擇傳達出她意志堅定，準備好上戰場；她運用正面的聯想，強化了亮眼的履歷。

安娜的服裝選擇讓人想起在1900年代初期，女性要求選舉權的運動。當年的示威者就是穿著白衣，在紐約街頭勇往直前。美妝產業有眾多英姿颯爽的聰明女性，安娜運用支持女性投票權的歷史性運動，突出關於英雌的正面聯想。

美國國會的女議員也深諳這點，曾一起穿著白色，抵達2019年的國情咨文演說現場。女議員一句話也沒說，便傳達出訊息：眾人團結一心，追求國家進步。也難怪在2020年總統選舉過後，賀錦麗（Kamala Harris）以史上第一位女性副總統的身分首度亮相時，也穿著白色的褲裝。對每一個觀看這個歷史性時刻的民眾來說，這個影像直達他們的直覺大腦。

語言觸發點也是打造個人品牌的方法。像是你說話的方式，不論是強調或淡化口音、使用特定的遣辭用句，或是以正式或非正式的方式講話，全是你帶給受眾大腦的提示，你可以藉此取得優勢。

韓佛瑞集團（Humphrey Group）的創辦人茱蒂絲·韓佛瑞（Judith Humphrey）著有《女性登台》（*Taking the Stage*）一書。她建議女性如果想在職場被人聽到，應該放慢說話的速度、使用低沉的音調，以「穩住」自己的聲音。

女性在工作場合經常令人感到語速過快，或是音調過高，這是缺乏自信的直覺提示。女性講話又急又尖的原因，或許是感到有必要一口氣把話講完；萬一不講快一點，在男性主導的典型工作場合，聽的人會失去興趣，或是根本一開始便懶得聽。（我可以作證，我早期在商業界親身領教過。）

如果能慢下講話的速度，女性更能展現對說話內容有信心,表達「我說的話值得花時間聽」。此外,穩住聲音後,說出的話也會令人感到更有分量、更重要。用低沉的嗓音緩緩說話,因此是代表強者的提示。

不過,也不必搞得太複雜。最有效的認知捷徑通常是最簡單的。請想一想黃色安全帽,不動產高層在視察工地時戴安全帽,為的是發送一個明確的訊息,與保護頭部一點關係也沒有:工地安全帽代表著苦幹實幹,例如建築工人與馬路工人奉獻勞力,替國家打造基礎建設。戴安全帽會讓高層看起來像是工人團隊的一員,與一般民眾站在一起、一起努力,而不是高高在上,待在豪華的高樓辦公室。工地安全帽象徵高層清楚自己的使命,不介意把手弄髒。

這也是為什麼不論是在破土典禮,或者是選舉宣傳手冊上,高層通常還會捲起袖子。這是另一個政治人物會利用的影像觸發點。捲起的袖子象徵著他們有如在城鎮打造基礎建設的工人,準備好奉獻自己、替你做事。透過一個視覺提示,這一類的聯想就會被投射到高層或政治人物身上。

你穿什麼、你怎麼穿,全都能成為成長觸發點。不過,打造個人品牌的方法還不只這樣,你也可以運用影像或語言,讓某種專業能力和你的品牌聯想在一起。

以紅遍全球的整理顧問與作家近藤麻理惠為例,她能爆紅,不僅是因為出書,還是因為透過特定的箱型整理技巧,把自己的方法深深烙印在大眾腦中。雜亂的內衣、亂扔的胸罩、皺巴巴的上衣,全都搖身一變成為美如靜物畫的作品。近藤麻理惠一次又一次展示運用怦然心動整理法的抽屜和衣櫃後,這套方法就和她的專長連在一起,同時觀眾也受到鼓舞,在生活中加以採用。

不過,為什麼我們需要玩這些把戲,想辦法引人矚目、說服別人接受我們的點子?為什麼需要利用觸發點?面試工作的時候,除了展示學經歷之外,不應該改變講話的聲音,或是做一些穿套裝、戴眼鏡之類的事,對吧?如果事情有那麼簡單就好了。我們**的確**需要做這些事,因為這個世界就是這樣運行的。或許我們不該還得要這些花招,但說到底,這個世界會這樣,只有一個簡單的原因:人類的大腦就是這樣運作的。

※ ※ ※

溝通正在變得更簡短,也更倉促。人們傳訊息時,甚至不打句子了,只用縮寫。我們創造出一種新語言,惜字如金,把更多的意思,塞進很少的幾個字。成長觸發點就像那樣,言簡意賅,屬於威力強大的簡潔提示和代號。你不必點出所有的聯想——大腦會依據我們的文化與先前學到的事,自行做出聯想。不同於行銷人員與廣告人員學到的事,表達情緒其實不會帶來情緒連結。一時的歡笑或感動落淚,不會持久。

此外,人們的喜好也無法信任。人們喜歡很多東西,但不一定會真的行動。(Facebook 抱歉了!)這或許聽起來違反直覺,但表達特定的情緒,並不會引發情緒連結,刺激才會。成長觸發點利用目標受眾腦中已經存在的東西,讓人一拍即合。

兩塊拼圖拼上的那個瞬間,**正是**行銷與廣告人員追求的那個難以捉摸的情緒連結。在那一刻，你的產品成了**直覺的選擇**，而不是強迫購買。此外，如果有人憑著直覺挑選你的產品，代表他的理智已經被拋到腦後，想也不想就拿了。事實上，他們甚至看不到其他的選項。

04

破除負面聯想的詛咒

直覺規則：市場環境不會扯你品牌的後腿，負面聯想才會。

　　麥當勞的形象曾在2000年代遭逢重創。2001年出版的《一口漢堡的代價》(*Fast Food Nation*) 檢視速食企業的做法、食品製造、勞工安全，以及美國人的健康與社會受到的影響。摩根・史柏路克（Morgan Spurlock）2004年的紀錄片《麥胖報告》(*Super Size Me*) 直接瞄準速食的健康面向，尤其是麥當勞提供的菜單與「加大」餐點。這一類的書籍與電影正好符合當時整體的反企業潮流，在地食材與支持地方商家開始受到重視，更多人提倡避開速食連鎖店，轉而光顧鎮上轉角的小餐館與週末的農夫市集。

　　不過，這些林林總總的事對麥當勞的聲譽造成的負面影響，比不上另一類開始瘋傳的影片。影片中，麥當勞連鎖店的雞塊與漢堡成分，含有令人心驚肉跳的「粉紅色肉泥」(pink slime）。有一支影片讓人看到，大型的水龍頭流出腸子般的細長不明物體，呈鮮嫩的泡泡糖粉色，有如肉類副產品*製成的某種霜淇淋。

大街小巷都在傳那支影片，而且還不只如此：謠言四起，據說麥當勞的絞肉混入了牛眼珠、蟲子、馬肉，以及天知道是什麼的其他東西。從泡過阿摩尼亞的牛肉、永遠不會腐敗的漢堡，再到實驗室製成的蛋白質，全都引發民眾的關切。這些說法給人的印象是麥當勞的食物不太理想，甚至是非天然的。換句話說，麥當勞提供「假」的食物。

結果一切是子虛烏有。粉色肉泥的影片？假的。許多民眾關切的「創意」原料？麥當勞沒有任何產品使用。即便如此，隨著負面聯想開始佔據消費者的大腦，麥當勞的口碑開始下滑，不再被視為提供平價快樂全家餐的地方，而且公司的回應也於事無補。

麥當勞的高層意識到麻煩大了，但他們的回應方式和其他公司一樣：先說那些負面指控都是假的，接著告訴大家事實。麥當勞製作一系列影片，拍攝工廠內部、介紹雞塊與漢堡是如何製作的，希望這樣便能揭曉「幕後的實情」。

其中一支影片是主持人站在輸送帶旁，一旁是嘉吉公司（Cargill，麥當勞的供應商）的食品加工廠員工。主持人看著未經處理的生牛肉在流水線上輸送，影片才開始不到十秒，他劈頭就問：「吉米，這裡頭是否摻有牛舌與眼珠？在製作流程的哪一

---

* 譯注：指血、內臟、骨頭等。

個環節,我們會注入粉紅肉泥?」在此同時,麥當勞的新廣告上線。內容是顧客走向麥當勞的點餐處,詢問麥當勞的招牌雞塊裡是否真有粉紅肉泥。麥當勞公開宣布,他們家的食物不是木乃伊,真的會腐敗——不信你去問科學家。

問題是麥當勞一開始的回擊,並未讓民眾改變看法,反而助長了負面的聯想,使其愈傳愈廣,民眾的印象也愈來愈深。空穴來風的負面傳聞成為關注焦點後,更多人擔心食物可能有問題。麥當勞心急的回應、駁斥負面傳聞,無意間卻強化了那些說法。這下子更多民眾懷疑,麥當勞的食物成分是不是真有可疑之處,甚至就連不曾看過瘋傳影片的人也心生疑慮。麥當勞的銷售進一步下滑,直接反映出負面的觀感愈演愈烈。

麥當勞需要改變方向,而這對一間《Fortune》500大的企業來講並不容易。不過,麥當勞擬定史上最全面的策略方案,並妥善執行,火力全開、翻轉局勢。麥當勞開始宣傳旗下食物的真實情形:他們的漢堡使用100%經過美國農業部認證(USDA)的牛肉,牛和雞都是畜牧場養的,所有的雞蛋也都達到USDA的A級。麥當勞開始強調食物的產地,解說食材最後是如何進了你的托盤或你家孩子的快樂兒童餐。

麥當勞宣傳的合作供應商中,許多是家族企業,有華盛頓的馬鈴薯農場、密西根的蘋果園、伊利諾伊州與威斯康辛州的酪農場。此外,麥當勞也運用認知捷徑,例如把現打的蛋加進招牌滿福堡,藉此提供農場食物的聯想,宛如東西一煎好就端上桌。這個真食物策略所說的故事本來就存在,只不過麥當勞一直以來都沒有談到。藉由把資訊帶到眾人面前,麥當勞開始創造消費者會一直記住的正面聯想。

　　要是不加以制止，負面聯想有可能抵銷品牌的一切正面聯想，籠罩住品牌連接組。一旦發生這種事，你不僅不是直覺的第一選擇，而是最迫不得已的選擇，甚至就此直接消失。

　　大部份的領導者還以為，自家品牌的成長受到支出規模、產品類別成長率、競爭者的積極度，以及景氣好壞等因素影響。雖然這些因素無疑會起作用，但企業領袖過度關注這些事，時常緊盯著每週的銷量與季度營收報告。大部份的人被引導相信，這些數字是頭等大事，但其實對企業的成長來講，重要性沒有想像中那麼大。

　　如果你的品牌連接組是有毒的垃圾場，倒滿負面的聯想，那麼即便你所處的類別快速成長，照樣無濟於事。此外，如果不處理傷害品牌的負面聯想，任其累積，你顯然沒在照料你的品牌連接組。

　　很少有領袖會思考這件事，因為他們並未追蹤目標受眾的潛意識在想什麼。等到成長狀況不佳，變成乏人問津的品牌，領導者通常又會提油救火，試圖直接消滅負面的聯想，斥為無稽之談。雖然他們的出發點是好的，卻會弄巧成拙，無意間強化負面的聯想。

　　好消息是，負面的聯想有辦法移除。去除負面聯想與恢復成長的關鍵，將是讓正面聯想壓過負面聯想。如果要了解如何能做到這點，讓品牌重返成長的正軌，你需要先了解負面聯想一開始是如何冒出來的。

負面聯想如何在腦中成形

人類有負面偏誤（negativity bias）的傾向。只要看一眼社群媒體便知道。崔斯坦‧哈里斯（Tristan Harris）是人文科技中心（Center for Humane Technology）的執行董事兼共同創辦人，先前則是Google的設計倫理師。他最出名的一件事是公開指出社群媒體的危害。依據哈里斯的說法，憤怒的「傳播速度就是快過」好事。Facebook等平台使用的AI依據互動率運作——AI不會管內容是正面還是負面，只關心如何獲得最多的點擊。如同哈里斯所言：「引發憤怒的內容點擊數最多，也因此會出現在最上方。」

劍橋大學的研究發現，社群媒體在談論政治時，相較於單純讚揚某一黨的見解，講對手壞話會讓使用者的互動率翻倍。不過，不是只有社群媒體如此。整體而言，線上媒體讓我們偏向於接觸到負面資訊。我們在任何網路媒體平台看見頭條時，每多一個負面的字眼，點選的可能性便增加2.3%。換句話說，不論是否真有依據，消費者天生傾向於製造負面的敘事，也因此對於企業、理念，或任何類型的品牌領導者來講，如果能有一套去除負面聯想的公式，不僅是好事，還可能是生死存亡的關鍵。

負面聯想可能來自四面八方，不過源頭有兩大類：直接與間接。直接的源頭，或許是與污染有關的新聞報導與產品召回、大明星的醜聞、政治人物誤以為麥克風已關而說出不恰當的話；也可能是企業失言，引發爭議。

直接的源頭很好找，因為是公開的，一下子就知道。當品牌連接組開始出現負面的聯想時，源頭因此不是祕密。以麥當勞的例子來講，直接的源頭是網路上瘋傳的粉紅色肉泥影片。捏造的敘事愈演愈烈，佔據了民眾的潛意識腦。

間接的源頭則較不明顯，從某些方面來講也更難纏。品牌通常會錯過間接的源頭，畢竟不是檯面上的事，而是人們腦中對品牌的解讀不同於品牌想要的效果。記住，由於大腦靠提示運轉，隨時依據遇上的訊號與刺激做出詮釋，如果企業領袖並未積極監測自家的品牌連接組，負面的聯想有可能在領導者沒察覺的情況下，在未來消費者的心中累積。

負面聯想的直接源頭有可能感覺像攻擊，間接源頭則比較像病毒，慢慢、悄悄的在品牌裡滋長，等到影響浮出水面，呈現在損益表上，此時修正的難度會大為提高。

維多利亞的秘密（Victoria's Secret）是絕佳的例子。這間內衣公司創辦於1970年代的尾聲，數十年間在零售業呼風喚雨。維多利亞的秘密這個名字，讓人腦中浮現超級模特兒、滑順的絲綢睡衣，以及頂級的貼身衣物──雖然布料少了點。

二十多年間，數百萬人年年觀看在電視黃金時段播出的「維多利亞的秘密時尚秀」（Victoria's Secret Fashion Show）。在這場娛樂的視覺盛宴中，模特兒會戴著巨大的天使翅膀，踩著高跟鞋走伸展台。不論是自購或送給伴侶，購買這個品牌的內衣是一種性感的放縱。

此外，整體而言，穿這個品牌的內衣，讓女性感到散發魅力、受人渴望與仰慕，至少理論上如此。在許多人心中，維多利亞的秘密與女性主義攜手並進，但到了2010年代，文化潮流出現轉變，維多利亞的秘密卻似乎完全沒意識到現實。

世界在變其實有跡可循。在維多利亞的秘密的整個品牌生命週期裡，女性主義運動一直在演變。到了2000年代中期，第四波女性主義進入主流，除了呼籲平權，也重視賦能與更大的社會轉變。此外，#MeToo也讓人看到在娛樂產業等領域，性侵的系統性問題，就連時尚界也牽連其中。

同樣重要的是，女性在社會上扮演的角色，以及女性的財務獨立，也出現劇烈的演變。到了2014年，美國女性大學畢業生的人數超過男性畢業生。在1990年到2022年間，超過2,000萬名女性加入美國職場；在這個三十二年期間的尾聲，女性就業人口達到7,400萬。不僅如此，在1980年到2021年之間，女性的中位數薪資也上漲超過四倍。

維多利亞的秘密不敢違背過去的成功公式，沒跟上文化潮流出現的轉變，反而持續拋出過時的女性主義與魔術胸罩。然而，間接的負面聯想已經傷害到品牌。許多觀察者覺得這個品牌脫離現實。過去一度被視為性感的事物，如今令人感到缺乏品味，甚至產生更糟的感受。

隨著看重舒適度更勝於性感身材的新品牌進入市場，例如美鷹傲飛公司（American Eagle Outfitters）旗下的Aerie，再加上吹起運動風，露露樂檬（Lululemon）與Alo Yoga等瑜伽運動服公司崛起，維多利亞的秘密愈來愈無足輕重。此外，在整個內衣界，更多的公司開始專注於傳遞身體自愛（body-positive）[*]的

---

[*] 譯注：坦然接受各式各樣的身形，認同健康的重要性大過高矮胖瘦。

訊息。

維多利亞的秘密的連接組之所以累積負面聯想，源自世界在變，而這個品牌形成了鮮明的對比。但維多利亞的秘密並未直接遭到抨擊，不像麥當勞那樣。不是特定某個人把負面的聯想放進維多利亞的秘密的品牌連接組，事情是間接發生的；大腦依據對比，自行得出維多利亞的秘密的故事：一邊是演變中的社會與文化環境，一邊則是這個品牌呈現女性的單一面向。

漸漸的，直接的源頭也開始起作用，維多利亞的秘密接連爆發醜聞，傳出員工與模特兒遭到騷擾與霸凌。此外，執行長萊斯‧H‧韋克斯納（Leslie H. Wexner）雇用傑佛瑞‧愛普斯坦（Jeffrey Epstein）*超過十年。直接源頭與間接源頭形成的完美風暴，導致2016至2022年間，這間公司的營收年複合成長率下降3.4%。

如同正面的聯想，品牌的負面聯想會進入現有的神經路徑，並產生新路徑。一個不小心，新敘事將接掌你的品牌連接組，負面聯想累積起來的結果就是這樣。受眾愈常暴露於品牌的負面資訊，他們對你品牌的反對立場就會愈極端。

直接或間接源頭帶來的負面聯想，都可能重創品牌——你甚至不知道傷害正在形成。由於相較於正面的聯想，人類天生更容易受到負面聯想所吸引，因此改變負面聯想會比製造正面聯想困難，但如果有正確的工具在手，就能比想像中更容易的擊退負面的聯想。

---

* 譯注：此人涉及多樁性交易案與性侵案。

比較嚴重的問題是，大部份的企業領袖甚至沒意識到，自己面臨的經營挑戰源自負面的聯想。民意調查與品牌追蹤研究經常告訴企業領袖諸事大吉，也因此當成長開始減速，市佔率縮水，企業領袖會嚇一跳。我們曾看過顧客滿意度達到85%至90%的公司，每一天都在流失大量的現金與市佔率。

　　這就如同爆胎：你根本沒注意到輪胎漏氣，直到某天早上，你上班已經遲到了，急急忙忙衝向車子，才發現輪胎已經完全報廢。如果你在該換輪胎的時間就好好換，八成不會碰上這種窘境。

　　大型企業總是在上演這種事：一切似乎都很美好，直到數據出爐。接下來，在董事會上，關於為什麼成長會停滯或下滑，每個人都有不同的見解。有的說是因為市場競爭，有的說是景氣不好、通貨膨脹，或是因為大離職潮（Great Resignation）[†]。然而，真正的根本原因遭到忽視：不斷累積的負面聯想。

　　眾人因為專注於錯誤的數據，沒意識到這件事──他們把注意力放在淨推薦值（NPS）或品牌追蹤屬性（brand-tracking attribute），**沒關注聯想**。NPS分數等指標只研究有意識的想法；屬性也只是公司自行決定要追蹤的品牌特性或功能，例如「物超所值」或「適合全家人使用」。這些都是淺層的東西，沒觸及消費者的大腦講出的品牌故事。這個故事由盤根錯節的神經路徑網絡組成，存在於直覺腦。另一方面，聯想是多重面向的回憶，滲透進人們的記憶結構，進入遠遠更為深層的地方。

[†] 譯注：指美國在疫情期間，員工因為工作環境與個人期待的轉變而大舉離職。

那就是為什麼傳統的消費者調查有可能造成誤導。追蹤消費者心中的屬性評分，例如「美味」、「提供健康的選項」或「使用高級食材」，不會告訴你任何你不知道的事。當然，追蹤屬性這件事，本身沒有什麼不對。舉例來說，如果是業界的標準指標，那麼了解你的品牌相較於競爭者的表現會是好事一件。

然而，這一類的屬性即便獲得好成績，也只不過是拿到基本分而已。追蹤屬性，卻不追蹤聯想，將導致你錯過檯面下真正發生的事，造成一項令人難以置信的現實：全球的企業領袖大都不清楚，自家品牌真正的購買障礙與購買驅力是什麼，因為他們蒐集的數據，要不就是表面上的屬性，要不就是點閱數、曝光次數，與聯想完全是兩回事。

話雖如此，企業領袖會如此依賴剛才提到的指標，也是情有可原。那些指標合乎邏輯、便於追蹤、有形可量測，還是風向儀，可以比較自家公司與業界同行。相較之下，聯想則沒那麼理性、難以捉摸，也很難透過大多數的標準研究方法得知與測量。然而，如果不加以監測，負面聯想會如病毒般，在不知不覺間在腦中瘋狂生長。

想要挖出負面聯想，就必須深入人們的記憶，找出對品牌不利、大腦自行得出的連結。如果不仔細留意負面聯想，品牌將會受害，而你渾然不覺。由於負面聯想看不見，就連消費者也沒有意識到它們的存在，因此你的品牌連接組發生的事很容易被忽略。萬一聯想主要是負面的，品牌將走向必然的結局：負成長。

負面聯想與負成長息息相關

對品牌來講,沒有什麼會比緩慢或下滑的成長還糟了。不論是聲譽鵲起的科技創業家、職業棒球隊、《Fortune》百大公司,或是辦公室裡人人都認識與喜愛的員工,全都一樣——不成長,便會死。當然,這句話聽起來有點太聳動,不過只要去問任何人氣下滑、接不到戲又入不敷出的演員,他們絕對會告訴你這句話是真的。負面聯想與停滯或負數的營收成長有著直接的關聯,兩者密不可分。

你可以把負面聯想當成在精心照料的花園出現野草,野草會長得到處都是,毀掉你花時間與心血培育出的美景,害死你的花。幾乎每次只要品牌的成長縮水或是不如競爭者,你都可以篤定是負面聯想在作祟。負面聯想在潛在買家的心中興風作浪,接手、征服他們品牌連接組的神經路徑。你就算編列龐大的廣告預算也解決不了問題,不論是每年花1千美元或1億美元的廣告費,如果你的目標受眾碰上大量的隱形障礙,他們就不會走向你的品牌。

舉例來說,一直到近期的2018年,柯爾(Kohl)連鎖百貨看起來仍是市場龍頭。在當年2月,柯爾有1,158家分店,在美國49州佔據8,280萬平方英尺的銷售空間,年銷售額約為190億美元,股價在同年達到史上新高的70.11美元。

柯爾擊敗兩大主要對手,讓梅西百貨(Macy's)與諾斯壯百貨(Nordstrom)敗下陣來;柯爾的表現也勝過Gap與傑西潘尼(JCPenney)等其他對手,似乎勢必會在接下來幾年,繼續領導市場。

　　柯爾還有大量跟上現代潮流的計劃，不僅早早進入線上銷售與電子商務的領域，在2001年推出Kohls.com，也在全國各地提供免費的亞馬遜退貨服務，瞄準千禧世代的市場，並主打Nike、愛迪達與UA（Under Armour）等運動休閒品牌。此外，柯爾還開始提供由媒體科技公司PopSugar介紹的服飾——PopSugar在2006年起家，原是流行文化部落格。表面上看起來，柯爾做了一切對的事，努力跟上時代。

　　然而，短短四年後，柯爾百貨一落千丈，市佔率下滑，股價也跌至26.49美元。激進投資公司馬歇倫顧問（Macellum Advisors）在2021年取得柯爾的控制股權，並要求重組董事會、任命新執行長，他們打算重塑品牌、翻轉公司。

　　柯爾百貨看似在2018年達到巔峰，實際上在2011至2022年間，便已大幅流失17%的市佔率。當同行的業者成長率達到兩位數，柯爾的年複合成長率卻只有0.5%，市佔率大幅萎縮是遲早的事。

　　柯爾的市佔率跑哪去了？被眾多你不會意外的公司瓜分，包括T.J. Maxx等折扣商店，以及沃爾瑪（Walmart）、塔吉特、好市多（Costco）等大型量販店，當然還有專攻網購的零售商，尤其是亞馬遜。然而，如果說柯爾是電子商務與運動休閒的先行者，又引進了設計師系列商品，與流行文化結盟，怎麼還會這樣？柯爾哪裡做錯了？

　　在許多方面，柯爾百貨碰上的問題和維多利亞的秘密一樣。大量的負面聯想湧入柯爾的品牌連接組，公司卻渾然未覺。

柯爾的領導團隊把注意力放在創新與新的產品系列，沒人留意主品牌帶給人的既定印象；就連忙著培養舊客戶忠誠度與制定獎勵制度的行銷人員，也沒關注這一塊。

當企業首度出現有問題的跡象時，領導層需要深入挖掘品牌的聯想，而不是圍繞著品牌的種種特點。即便你認為自家的品牌連接組負面聯想不多，也大概是時候再次確認了。

不要讓傳統滿意度調查的良好表現誤導你。如同柯爾百貨的情形，停滯的成長與下滑的市佔率是警訊，代表你的調查研究沒抓到真正發生的事。你的分析少了某樣東西，而那個「某樣東西」就是負面聯想（也就是隱形障礙），決定著品牌的成敗。

然而，聯想是很難捉摸的東西，你無法從現有的顧客那裡找到罪魁禍首。要找出答案的話，你得從成長目標客群下手——你的潛在顧客。

事實上，就連你的成長目標客群也不會**告訴**你，品牌出了什麼問題。你不能只聽他們說了什麼，還得更深入挖掘，蒐集他們腦中與你品牌相連的負面聯想。此外，你必須時時緊盯著文化潮流與競爭者，找出它們正在大眾心中培養、你有可能漏掉的正面聯想。

以柯爾百貨的例子來講，雖然在現有顧客與潛在顧客那裡，負面聯想都在累積，但如果要扭轉局勢、獲得力道最大的成長，就必須把成長目標客群擺在第一位，確認你的品牌投射出受眾需要的關鍵驅動力，讓他們投向你的懷抱。我們可以看到，政治人物在爭取特定群體的選票時，總是這麼做的，只不過這也是消費品品牌的主要成長途徑。

當你的成長目標客群的品牌連接組中，負面聯想多過正面聯想，營收成長通常會停滯或下滑。柯爾的品牌連接組在2018至2021年間不斷累積負面聯想，但高層裡似乎沒有人關注這件事。對於受到競爭對手吸引的千禧客群來說，柯爾百貨的負面聯想正在慢慢接掌他們的潛意識腦，而且八成還影響到一部份的自家老顧客。柯爾走下坡的趨勢，與店內販售的產品其實沒有太大的關聯，反而與柯爾的品牌聯想比較有關。

如果人們一開始就對你的品牌無感，那麼再多的結盟與新的設計師系列商品也救不了負面的聯想，無法帶來業績成長。這就好像你的店鋪失火了，你還拉著路人進你的店，要他們慢慢逛商品貨架——根本不會有人理你。然而，企業基本上就是一直在做這種事情。

企業會推出新產品、延伸產品系列，試圖刺激成長，但如果你的品牌本來就不在消費者的考慮名單裡，那麼推出新產品也沒用，這些產品也絕對無法發揮全部的潛能。換句話說，如果新顧客對柯爾這個品牌本身就倒胃口，你在打招呼時就失去他們了。他們不會造訪柯爾的網站，而且一開始就不會踏入實體店面。換句話說，他們永遠不會以任何方式體驗到新的系列商品。

柯爾百貨的負面聯想，同樣是時代在變化所導致，但不同於維多利亞的秘密，柯爾的問題比較不是碰上文化變遷或社會變遷，而是時尚風格出現轉變。

多年來，柯爾是全美各地數百萬中等收入的中年媽媽的首選，然而漸漸的，那個口碑有了新意涵。對年輕的受眾而言，這個品牌讓人感覺過時了，令人想起老媽的風格，那種住在郊區、五十來歲的媽媽會用便宜價格買下的便服。多年來靠平價招攬顧客的柯爾服飾，如今被視為廉價、品質差、比不過任何競爭對手——不是時尚先鋒，而是時尚NG。

柯爾在2010年代初至2020年代初的品牌廣告民調顯示，這個品牌被困在過去。梅西與塔吉特等相同類型的零售商則持續更新形象，提供時髦、高品質的服飾，有如出自設計名家之手，只是沒那麼貴。相較之下，柯爾的主品牌廣告主打平價，不強調品質。如果你把柯爾和一元雜貨（Dollar General）等折扣商店的廣告放在一起比較，你會很難看出到底有哪裡不同。雖然柯爾也和絲芙蘭（Sephora）等較為高階的品牌結盟，但沒幫到自己，因為主品牌形象沒能跟著產品系列一起轉變。

如果說，梅西與塔吉特給人有型又物美價廉的形象，柯爾卻只強調價格便宜，那幹麼還要到柯爾買東西，不直接去別家？民眾想要魚與熊掌兼得。雖然柯爾努力提升系列商品，但柯爾的品牌完全沒讓人感到有跟著時代走，不僅跟競爭者比起來處於極大的劣勢，業績也隨之走下坡。

柯爾未能深入檢視主品牌，找出在連接組擴散的負面聯想，既打不進新市場，也搶不走對手的顧客——做不到少數幾種最能確保成長的方法。

負面聯想是成長的內隱障礙。如果成長目標客群的大腦已然受到負面聯想所影響——不論源頭是直接或間接的——品牌將很難爭取到他們。然而，大部份的企業都沒意識到這樣的障礙，還以為是傳統的因素在起作用，例如競爭者砸的錢更多、經濟因素，以及其他或多或少無能為力的問題。企業沒意識到，利用直覺腦與克服負面的聯想,將能加快公司的營收成長腳步,達到主攻意識腦做不到的程度。

運用品牌連接組帶來的好處,將超越你目前能替公司做到的事。企業領袖或老闆若能一窺成長目標客群的心中在想什麼,將能協助**預測**未來的營收。如果你在他們腦中有著大量的內隱障礙,將很難帶動成長。你試圖拉到新顧客,但你花在行銷的每一分錢會等同於把錢丟進水裡;反過來講,如果有健全的正面品牌連接組,那麼你下的行銷工夫將暢通無阻的抵達目標受眾,甚至獲得青睞,提高業績成長。

基本上,找出品牌的內隱聯想與障礙,好處是協助你推估公司的營收預測,並作出更精準的更新與調整。從財務預測、供應鏈管理到員工聘用,你的公司在規劃每一件事情的時候,將因此擁有直覺優勢。

這個方法不僅有助於既有的事業或品牌,對企業與私募股權公司來講,評估潛在顧客腦中的品牌連接組也是新的最佳實務做法,能讓人在**收購前**就先評估購併對象的健康狀態。

企業與私募股權會想知道,自己正在考慮的投資對象是否帶有負面聯想——因為負面的聯想愈多,自然愈不容易成長,難以短期內就獲得高投報率。此外,企業與私募股權還可依據調查結果,調整願意支付的收購價。尋找內隱障礙是更上一層樓的盡職調查,是最大程度的抽絲剝繭。

當品牌遇上麻煩、成長停滯時,企業會採取一連串意料之中的步驟。它們會調整營運、改善客服、新增app,並換掉原本的廣告公司找新的、打出新一波廣告、想出挑起情緒的新口號。

企業會上天下地尋找成長機會，但就是沒去看真正藏有解答的地方：成長目標客群的潛意識腦。沒這麼做的壞處實在太大。企業走下坡的時間愈長，成長目標的內隱障礙就會愈高，也更難以刺激成長。不過，問題也不是完全無藥可救。

用正面聯想蓋過負面聯想

　　許多人以為，一旦自家品牌的形象受限，或是形成一些負面的阻礙，那麼將永無翻身的可能。因此，他們不願意擁抱機會，畢竟不確定品牌權益（brand equity）*能否延伸至新產品。這種情況包括酒精飲料公司決定不涉足非酒精飲料，或是單身漢決定不開口邀請人第一次約會。然而，非酒精飲料的銷售在2021年上升33%（達3.31億美元），更別忘了浪漫喜劇告訴我們，魯蛇總是能贏得女孩的芳心。（通常要經過一番大改造、凸顯出最好的內在特質。）

　　大部份的人不明白，幾乎是所有的負面聯想都有辦法移除。但這怎麼可能？又無法跟拔牙一樣，把手伸進某個人的大腦，再把負面的聯想抽出來。不過，你可以做一件同樣有效的事——而且不像拔牙那麼痛苦。

　　只要正面的聯想夠強，或是夠「黏」，就有辦法蓋過負面的聯想。每一個黏答答的聯想，不論是負面或正面的，都會重塑大腦。如果你覺得某個人很有品味，這個人又告訴你，某某冰茶是

---

* 編注：指消費者對品牌的認知，以及品牌在消費者心中的價值。

他們喝過最好喝的，那麼這個人會被加進你大腦中那款飲料的連接組；如果你原本就對那款飲料有正面的聯想，不論是因為看過數位廣告或是基於過去的經驗，你的好感都會被進一步增強。然而，如果有人提醒你，那款茶使用的塑膠瓶正在污染海洋、破壞寶貴的生態系統，那麼負面的聯想也會被加進連接組，尤其是當你原本就感覺普通的時候。

然而，如果那款茶是你從小到大最愛喝的，那麼這個塑膠瓶的資訊有可能完全不會影響你的大腦，甚至根本不會進入你腦中的品牌連接組。你的連接組中的所有正面聯想將會把這個新資訊擠出去，因為充滿正面聯想、健全豐富的連接組是某種善意的緩衝器，能讓負面的聯想「黏不住」。同理，夠強又夠黏的正面聯想，有辦法壓過負面聯想，我們只要想一想任何捲土重來的經典故事就知道了。

捲土重來的故事四處可見（而且人們很愛聽），例如小羅伯‧道尼或布蘭登‧費雪等娛樂產業的演員、拳王泰森之類的體育人士、生活風格大師瑪莎‧史都華（Martha Stewart）等電視名人，甚至是邱吉爾這樣的歷史人物。

邱吉爾一路從年輕的軍官到成為暢銷作家，再到1900年首度進入英國國會，多年間累積了公眾形象。然而在1922年，也就是早在他1940年當上首相之前，他丟了殖民地事務大臣（colonial secretary）的差事。雖然邱吉爾曾在1929年短暫回到國會，但隨即又和其他的保守黨人在選舉中失利。此外，他和許多人一樣在經濟大蕭條期間遭逢打擊，還當了多年的失意政客，不過他仍持續寫作與演講。

經年累月之中，邱吉爾的品牌連接組出現負面的聯想，包括他因為反對印度自治而顯得想法不合時宜，被當成可笑的「守舊分子」；此外，由於一戰期間在達達尼爾海峽大敗，人們認為邱吉爾的判斷力很有問題。身為英國海軍首席大臣的他，帶領了一場失敗的攻擊，導致協約國的軍隊有4萬6千人死亡。

不僅如此，由於邱吉爾在保守黨與自由黨之間跳來跳去，被視為缺乏忠誠度的投機主義者；他還被當成一次也選不贏的候選人，又花錢如流水，有著昂貴的嗜好，喜愛豪宅、美食以及雪茄。

邱吉爾還跟各種不受歡迎的人物交朋友，更加深在民眾心中的負面聯想，包括他結交許多人認為「很虛偽」的愛爾蘭議員布蘭登‧布雷肯（Brendan Bracken），以及找弗雷德里克‧林德曼（Frederick Lindemann）當科學顧問。此人極度傲慢，在研究委員會和他共事過的**每一位**成員，無一例外都辭職了，人人都說受不了他。或許這種事不盡公平，但人和品牌一樣，別人認識的是他們帶來的聯想。

不過，由於邱吉爾對於納粹德國可能與英國發生衝突，公開表達關切，並指出英國欠缺準備，因而大大改變了民眾與同僚對他的觀感。邱吉爾認為，德國重整空軍對英國來說會是一大威脅，並警示到了1936年的年尾，德國空軍的戰力將比英國強五成。

此外，在眾多同僚看清希特勒的真面目之前，邱吉爾就認為此人是危險的好戰分子。這個先見之明與年長政治家的智慧帶來了足夠的正面聯想，讓邱吉爾得以重返主流政治圈，聲望達到史上新高。他當選英國首相後，在二戰期間領導英國與同盟國走向勝利。

職業運動員也熟悉正面的聯想能壓過負面的聯想。以爆紅的高爾夫球名人老虎伍茲（Tiger Woods）為例，他剛進入公眾視野時，口碑無懈可擊，龐大的連接組充滿正面的聯想：青年才俊；在以白人為主的高爾夫球圈，有著多元族群的背景；退役軍人之子；出色的運動員；愛家的好男人──不折不扣的美國成功故事。

然而漸漸的，數次的出軌動搖他的婚姻，最終以離婚收場，並暫別高爾夫球圈。接下來，長年受傷影響他的比賽成績。2010年，71名PGA巡迴賽高爾夫球選手接受問卷調查，24%的人認為伍茲使用生長激素等藥物；ESPN在2016年對60位PGA巡迴賽職業選手進行問卷調查，70%的人認為伍茲再也無法拿下任何主要的高爾夫球錦標賽冠軍。隔年，伍茲因為止痛藥物影響，在方向盤上睡著。此時負面聯想已經佔上風，包括對妻子不忠、性成癮、藥物、前途無望、使用類固醇等等。

伍茲日後東山再起。他在離婚事件鬧得沸沸湯湯後，進入性成癮復健中心；幾年後與前妻艾琳・諾德格林（Elin Nordegren）和解，培養出健康的關係，友好的共同養育孩子。此外，伍茲在2018年第18次拿下PGA巡迴賽冠軍，五年間首度有此好成績，證明其他的運動員看走眼，他再度成為鎂光燈的焦點。（沒有什麼比贏球更能趕跑負面聯想了。）

雖然伍茲的連接組在今日仍有負面的聯想，但他在人生極度震盪的時期過後，繼續往前走，連接組得以補充正面的聯想：

堅持、跌倒了再站起來、真正的冠軍、愛孩子的家長、與前妻和解、試著成為更好的運動員與更好的人、慶幸能有第二次機會。就連在2021年，伍茲在洛杉磯發生獨自撞車的車禍，人們對於事故起因的質疑（許多版本的猜測都帶來負面的聯想），最後也平息下來。伍茲品牌連接組中的正面聯想，此時已經比負面聯想更強、更大，因此這個新的車禍資訊並未突破緩衝區。

　　由於人腦的運作方式，正面聯想有辦法壓過負面的聯想。大腦是學習機器，每天都獲得新資訊。新體驗強化我們腦中的部份連結，其他的則被移除或「修剪」（神經科學稱這個過程為**突觸修剪**〔synaptic pruning〕）；也就是說，負面的聯想永遠不曾真正生根。

　　當新的正面聯想在腦中成長，建立新的神經路徑、壓過舊的負面聯想，就等同把負面聯想擠出去。這個過程有可能一下子發生，也可能需要時間。隨著負面聯想被蓋掉或包覆，正面聯想在大腦裡欣欣向榮，長出健康的品牌連接組。而你現在也已經知道，新的直覺行為正是在此時成形。

　　請想一想政治民調。選民會在民意測驗中**號稱**關心經濟、工作機會、健康照護、移民、賦稅或社會安全；然而，等他們進了投票所，卻投給在他們腦中有著最大的正面連接組的候選人。

　　如同我們是憑直覺做出大部份的品牌選擇，我們投票也是依據腦中所累積、與政黨或候選人相關的記憶，不一定和他們實際提出的政策或施政效能有關。很遺憾，我們的大腦再次偷懶。由於研究候選人的投票記錄與政見還得花力氣，因此我們會依據正面或負面的聯想，瞬間做出決定。雖然不一定是最好的決定，在我們腦中卻絕對是最小阻力之路。

當你讓連接組壯大的時候，正面聯想永遠比負面聯想好，不過別忘了，連接組的大小與顯著性才是最重要的。最大的連接組一般會蓋過對手。小的連接組即便是正面的，也幾乎總是會輸給大的連接組，就算大的帶有負面聯想也一樣，因為關鍵是連接組的實體大小（你的品牌足跡）。

只要持續呵護連接組，讓正面的枝枒成長，並在過程中修剪負面的部份，你的品牌就會比對手更顯著、更正面。在腦中最突出的品牌將會成為首選。你愈常讓人接觸到你的品牌鋪天蓋地的正面聯想，就愈能消除負面聯想，確保他們會持續選你的品牌。這個流程不只能應用在推銷產品，或是獲得晉升──它甚至有助於改變偏見。

品牌偏好其實是一種偏見

品牌偏好是一種偏見。這句話不是批評，而是事實。當你伸手拿百事可樂，沒拿可口可樂，代表你的品牌連接組對百事可樂有正面偏見、對可口可樂有負面偏見。當你支持民主黨，不支持共和黨，代表你的政治品牌連接組對民主黨有正面偏見、對共和黨有負面偏見。偏見只不過是對某個選項以正面聯想為主，對另一個選項則以負面聯想為主。人們自認用意識控制抉擇，但偏見永遠會發揮作用。

所有的議題都有不只一個面向，因此不論是疫苗、氣候變遷或煮蛋最好的方法，任何至少有兩種立場的事，全都能從前述角度來看。如果在你心中，有一方比另一方的負面聯想多過正面聯想，那種負面偏見將影響你的直覺行為與決定。偏見全都源自腦中的連接組與不斷累積的聯想，正負面都有可能，其影響幾乎涵蓋生活中的所有領域。請想一想政壇與民主黨、共和黨愈演愈烈的分歧。實際上，不是民調愈來愈兩極，而是選民的連接組愈來愈兩極。

　　共和黨與民主黨各自的死忠支持者，品牌連接組往往是彼此的鏡像版本。在共和黨鐵粉的腦中，共和黨連接組充滿正面聯想，民主黨連接組則充滿負面聯想。也就是說，共和黨支持者的共和黨品牌連接組，主要由正面聯想構成，負面聯想相對較少；他們的民主黨品牌連接組則顛倒過來：正面聯想少、負面聯想居多。毫不意外的是，民主黨支持者的情形正好相反：民主黨品牌連接組充滿正面聯想，共和黨品牌連接組則充滿負面聯想。

　　前文提過，當品牌投射出視覺、語言或其他類型的內容或訊息時，若能符合消費者腦中原有的認知，則有如兩片拼圖被拼在一塊，將引發情緒連結。然而，民主黨的品牌連接組與共和黨的品牌連接組，兩者勢如水火，一方的正面即為另一方的負面。這兩個連接組互不相容，有如磁鐵同極相斥。當兩個人或兩群人的連接組處於這種態勢，截然對立，將很難找到共通點，但其實雙方不一定得水火不容。

　　共和黨與民主黨的品牌連接組，有各自的品牌形象、個人風格與價值觀。如同任何的消費品品牌，人們眼中的兩黨「使用者」，常常是把認同該政黨的真實人群簡化後的誇張樣板。

　　此外，如同商業品牌，雖然大腦對兩黨產生的聯想不一定是真的，但真假根本無所謂。兩黨在忠實支持者的腦中，各自有日積月累的聯想所組成的封閉生態系，有些聯想與自家政黨相關，有些則關於自己討厭的政黨。如果你試圖**說服**民主黨支持者投票給共和黨，或是要共和黨人投給民主黨，你將徒勞無功。

在這個年頭，就連說服兩方陣營對話都是難事，更別提要在政策上取得共識。當家庭聚會湊齊兩黨的支持者，或是全國電視邀請這兩方討論政策，雙方極度對立的連接組將引發風暴。人們的心跳開始加速，出現戰鬥或逃跑的反應，臉頰還會漲紅。

華頓商學院的神經科學教授普萊特，在研究品牌忠誠度的大腦活動時，發現一件相當奇妙的事。在研究過程中，品牌使用者得知產品被批評的新聞後，大腦的疼痛中心會亮起。請想像一下：當你熱愛的品牌被污衊時，在你大腦所引發的實體反應，就跟你人感到疼痛是相同的。

政治品牌忠誠度發生的事也一樣。事實上，政治引發的生理反應，甚至有可能更強烈，因為背後是兩個相互衝突的對立連接組，彼此是鏡像。

有科學家主張，共和黨支持者的大腦，運作方式不同於民主黨的支持者。在2011年的一項研究，艾希特大學（University of Exeter）的達倫·施瑞博（Darren Schreiber）及其研究同仁發現，藉由觀察人們的大腦運作情形，82.9%的時候可以正確預測這個人支持的政黨。

不過，顯然沒有基因傾向能決定你支持哪個政黨，沒人**生下來**就左傾或右傾。人會有不同的政治傾向，不是因為從生物學來看擁有不同的大腦，而是腦中日積月累的龐大記憶網所造成的。

那張記憶網源自環境、教養、朋友與意見領袖、媒體，以及個人經驗。政治是後天的，不是先天的。

此外，在社群媒體演算法帶來的同溫層世界，人們當下的看法被持續強化，不會接觸到其他的觀點，使得政治的連接組跟著愈來愈兩極化。

我們能做什麼來處理兩極化的情形？如何能降溫？若要找到共通點，關鍵是替兩個陣營的連接組帶來新的正面聯想。首先，我們需要對抗分化我們的社群媒體演算法。民主黨的支持者需要找出共和黨的平衡報導；共和黨的支持者也一樣，需要平衡自己的民主黨連接組。這是每一個人都有的責任。

如果雙方陣營不再針對當紅的文化價值衝突議題唇槍舌戰，改成反覆接觸另一方之中相對溫和的看法，就可能有進展。如果觀察在社群媒體上憤怒攻擊的人，你將看到扭曲的品牌連接組。那樣的連接組不是多元的政治影響帶來的，而是因為持續暴露於單一的影響；這對當事人和社會來講都相當不健康。

我們都在同一條船上！如果兩黨的支持者都多了解對方一點，他們會訝異彼此的共通點其實多過差異，並在過程中形成正面的聯想。新的神經路徑將會形成，平衡兩黨支持者腦中的連接組。個人將能獲得成長，而偏見會減少，每個人的血壓也都能降下來。

一旦我們理解，支持某個立場、不支持另一個立場的直覺偏好，只不過是正、負面偏見連接組帶來的結果，那麼任何挑起分裂的議題都能有所進展。知道偏見的背後是什麼，能讓人擺脫束縛，不僅使我們更了解彼此，也能以更有建設性的方式影響他人。原因在於，如果要影響看似根深柢固的偏見，其實就和改變某個人的首選品牌偏好一樣，適用完全相同的規則。

我們對於某個議題、品牌或政治傾向所抱持的立場，並非百分之百無法動搖，只要以正面聯想取代負面聯想，就有可能改變。把人妖魔化沒用，罵對方很蠢沒用，大肆批評也沒用；你必須用共同的理想連結對方，運用能吸引他們、帶有強大認知捷徑的刺激來增加正面的聯想，讓新的神經路徑得以成形、枝繁葉茂。基本上，如果希望社會減少對立、欣欣向榮，那麼兩個陣營的大腦都必須成長。

＊ ＊ ＊

品牌帶有大量的負面聯想時，傳統的做法幫不了你，因為人們的大腦基本上會把你的品牌「拒於門外」。此時不論再怎麼推銷，也無法促使對方改變心意。此外，當品牌充滿負面聯想時，品牌會很脆弱。萬一接著又發生某種外在的問題，例如產品被污染、在社群媒體大出包，那麼原本就脆弱的公司便有可能進一步墜入谷底。

不過好消息是，不論掉了多少市佔率，幾乎每一間公司通常都有可能回春。唯一的例外只有在品牌已經衰弱了數十年，才會完全救不回來，但這種情形其實很罕見。（西爾斯百貨〔Sears〕就是其中之一。）大多數的頹勢都能逆轉，方法是用正面壓過負面。

麥當勞2022年的營收達到231億8千萬美元，仍是全球最大的速食企業。這間連鎖店餐點的正面聯想,顯然蓋過了不少消費者的負面聯想,先前的紛紛擾擾已然平息。不過當然,負面聯想還是可能死灰復燃。你的品牌也可能面臨同樣的問題,因此不論是你個人、專業上或其他類型的品牌連接組,都需要你持續關注、照顧,在追求更多成長的途中增加正面的聯想。如果能做到,你將更上一層樓,得以掌握品牌的命運,不會淪為時局的受害者。

05

善用雪山效應

直覺規則：熟悉感的力量勝過獨特性，但區別度的威力才是最為強大。

你走在超市裡，想也沒想，就抓了架上的瓶裝水。沒思索、沒預先計劃，也沒有評估優缺點。如果你平常喝波蘭泉（Poland Spring），你直覺就會伸手拿起畫著松樹和潺潺溪水的藍綠色包裝；如果純水樂（Aquafina）是你的首選，你的視線會瞄準畫著雪山的藍色瓶子。大腦會運用認知捷徑，確保你能一下子就做出這樣的決定。

這是大腦協助你理解世界的方法，今日的超市一般會擺超過三萬種商品，大腦若是缺乏這種能力，你會感到困惑並當機──你要花上好幾個星期，才能完成一次購物。

不論你最常憑直覺拿哪一牌的瓶裝水，包裝的主色調八成是藍與白，也就是水和冰的顏色；此外，上頭會有潺潺溪水、山脈或湧泉等經典符號。那些顏色、圖像符合你腦中的正面記憶與聯想——令人心曠神怡的寧靜大自然賜予的饋贈,好好裝在瓶子裡,供你享用。

為了一個重要的原因,最成功的瓶裝水品牌全都採用類似的色調與影像:暗示你的大腦,不論這款水是經過淨化處理、過濾處理,或是不經人工處理,總之都是水的理想狀態,是你能買到的**最好的水**。

然而,傳統的意識腦行銷規則會告訴你,如果你負責經營瓶裝水公司,包裝**最好不要**放汩汩流淌的溪水、白雪皚皚的高山,也不要用白色與藍色。這些全被用爛了,早就有人用過,每個牌子長得都一樣。

行銷人員接受的訓練中最歷久不衰的原則——全球理論派的行銷人員都被灌輸的思維——就是相信獨特性是成功打造品牌與事業的核心。數十年來,企業界聽到的告誡都是「要突出」、「要當紫牛*」、「做不到差異化就完了」。

然而只要仔細想一想,就會發現追求獨特的原則根本說不通,實際上也不管用。大腦科學明明白白的告訴我們,我們人類天生會與**熟悉的事物**連結,而不是獨特的東西。我們渴望的是熟悉感。

從母親懷中搶走孩子,孩子會哇哇大哭,直到回到母親的懷抱。新冠疫情剛爆發時,在那個生存本能達到史上新高的時刻,民眾在恐慌中囤的貨,或許是最明顯的例子。在那段期間,

---

* 編注:這是行銷大師賽斯・高汀提出的概念,他認為品牌若要脫穎而出,關鍵在於與眾不同、令人驚豔,就像牛群裡出現一頭紫色的牛一樣。

消費者沒有尋覓不熟悉的商品，而是買安心的老牌子，例如金寶湯（Campbell's）的罐頭湯、盛美家（Smucker's）的果醬、好奇紙尿布（Huggies）、Cottonelle 與可麗舒（Scott）的衛生紙（好奇、Cottonelle 與可麗舒都是金百利克拉克〔Kimberly-Clark〕旗下的品牌）。消費者買下了自己最熟悉的商品。

事情與我們接受的行銷教育相反，獨特性不會吸引人靠近你的品牌，反而會把他們推開。即便如此，許多設計公司太執著於想出與眾不同的作品，希望能脫穎而出，因而完全錯過真正能與消費者連結的東西。請看看瓶裝水市場上，合併銷售達數十億、名列前茅的品牌：純水樂、依雲（Evian）、Glaceau、波蘭泉、天然高山泉水（Crystal Geyser）、鹿園（Deer Park），這幾個品牌全都使用類似的顏色與經典意象。

擺放瓶裝水的貨架上，還有斐濟水（Fiji，你會注意到這個名字沒出現在剛才的銷售績優生名單）。斐濟水使用的圖像是一朵明豔的粉色木槿花，具備 3D 效果的花凸出來，直接送至潛在買家眼前。木槿花與四方形的瓶子，讓斐濟水的包裝在瓶裝水市場中獨樹一格。嘿，看起來很棒！但很不幸，這樣的包裝和瓶裝水**沒有太大的關聯**。它確實是很獨特，但令人感覺陌生、不相關，也不具備讓斐濟水超越其他瓶裝水品牌的聯想。

當然，你可以主張鮮花讓人想起，斐濟這個由三百多個島嶼組成的群島，有著美麗潔淨的大自然，以及豔陽下波光粼粼的南太平洋。然而，沒人會喝瓶裝的海水。此外，雖然斐濟很美好，但平日購物的民眾不一定對這個地方有多少認識，更別提來自斐濟第一大島維提島（Viti Levu）自流含水層的水了。

因此，雖然斐濟水的包裝設計看起來吸引人又獨具特色，但對顧客的連接組來講，相關性卻不如競爭對手。把重點擺在搶眼、突出，將永遠限制品牌的潛能。人們所做的選擇和是否搶眼沒有太大的關聯，熟悉感才有影響力。

讓我們回到白雪皚皚的高山。雪山在潛意識腦的地位，讓雪山成為行銷利器。山不是特殊的事物──絕對不是──但有著大量既定的正面聯想，具備無與倫比的意義與重要性，包括清新、原始、自然、冷冽、環保。你甚至能想像抵達山頂後，裝好一桶桶純淨的冰川水，再運下山、裝進瓶子，送至附近的商店。你的瓶裝水品牌，怎麼不會想帶來這一切的聯想？

不過，事情可沒那麼簡單，不是找出經典的圖像，然後「原封不動」照搬就可以了。圖像必須帶有正面的聯想，但也要和你的品牌密不可分。那就是為什麼熟悉感（familiarity）會勝過獨特性（uniqueness），而**區別度**（distinctiveness）又是三者之中最強的。區別度讓你得以利用熟悉的正面路徑與回憶，以及早已存在於潛意識腦的聯想，但又與**你的**品牌相連，促使目標受眾憑直覺選擇你的品牌。

區別度不同於獨特性。獨特的重點是顯眼，就像一堆紅色番茄醬裡出現了黑色的包裝。追求獨特性可能把人嚇跑，區別度則能吸引人上門。瓶裝水的領導品牌純水樂出色的做到了這點，他們的設計典雅、抽象，把白雪覆蓋的山脈，配上橘色的日出，並擺在包裝最重要的地方。這個圖像運用了冰封山頂帶來的正面聯想，並加以抽象化、賦予個性，進而製造出區別度──屬於純水樂版本的經典影像。你的目標就像那樣：既要利用熟悉感，也要創造出一看就知道是你的牌子的東西。

運用熟悉的概念與圖像

一般認為在市場上推出品牌時，如果能做到搶眼，就會有好結果，尤其是在人滿為患的領域，更是如此。有辦法吸引注意力的廣告，僅憑短短幾秒鐘，便能殺出重圍，亮眼的創意令人無法忽視。這樣的廣告通常能拿到坎城創意節獅子獎（Cannes Lions Awards，廣告界的奧斯卡獎）、克里奧獎（CLIO Awards）、D&AD獎（D&AD Awards）以及One Show廣告獎（One Show），它們也的確實至名歸。這些廣告能引起我們關注、逗我們發笑，也有最好的創意、最富趣味，還是超級盃過後的討論話題，甚至可以使人上網再看一遍。它們一枝獨秀。然而，一枝獨秀不一定能轉換成銷售量。

在廣告產業，「突破」（breakthrough）是極為重要的關鍵指標，可用於追蹤跨管道的成功度，包括數位、平面、電視或任何媒體。它可以是30秒的電視廣告，也可以是7秒鐘的YouTube影片。出現突破時，觀看者不僅會記住廣告本身，還會記住廣告販售的產品或服務。問題出在多數的行銷人與廣告人相信，廣告做到突破的關鍵是**獨特**。愈新奇愈好，最好來自火星，地球人看都沒看過。許多廣告公司與行銷部門，仍然沉浸於從前的意識型行銷規則。

事實上，覺得獨特很好的想法，影響了我們所有人。我們全都堅信必須與眾不同，我們跟隨行銷人員一直以來的努力，追求不曾有人見過、代表創意的新產品與表達方式。然而,這麼做有一個問題——**突破不是來自出眾,而是把眾人吸進來**,讓品牌投射的事物與人們的記憶能相互匹配。

我們的大腦在新脈絡中辨識出熟悉的事物時,將有如飛蛾撲火。此時你提出的創意不僅可以得獎,還能真正讓事業成長。不論你是《Fortune》500大企業的行銷長、正在打造領導力諮詢顧問服務的創業者,或是科技新創公司的執行長,問題不在於你的廣告是否獨特;重點是廣告的黏性夠不夠,能不能讓受眾看了之後購買你的品牌。

觀察一下表現最好的電視廣告,你會發現資優生向來遵守這種做法,例如爆米花脆片(PopCorners)在2023年的超級盃,投放靈感來自影集《絕命毒師》(*Breaking Bad*)的廣告。演員布萊恩・克蘭斯頓(Bryan Cranston)與亞倫・保羅(Aaron Paul)在這支廣告中,再次扮演劇中從高中自然老師變毒梟的懷特,以及協助製造冰毒的平克曼。這對搭檔讓《絕命毒師》拿下黃金時段艾美獎(Primetime Emmys)的十六個獎項、兩座金球獎(Golden Globe Awards),以及其他數不清的榮譽。

在爆米花脆片的廣告,這對南轅北轍的搭檔正在生產一批新貨,但這次不是他們的天藍色招牌冰毒,而是讓人停不下來、一口接一口的脆片,巧妙暗示這是多麼讓人上癮的美味。

爆米花脆片的這支「絕命廚師」(Breaking Good)廣告,完美做到用熟悉的事物玩創意——我們的戰術手冊上最有效的一招。根據市場研究公司益普索的「創意火花市場研究」(Ipsos's Creative|Spark),絕命廚師廣告的創意效果指數(Creative

Effect Index）達到216分，一般則是70分到130分。依據益普索的數據，在此一指數拿高分的廣告，銷售比遜色者多出44%。

迪士尼與Google同一年的超級盃廣告，也獲得不錯的創意效果指數，分別是184分和130分。迪士尼讓人想起這間企業的百年史，從《睡美人》、《歡樂滿人間》（*Mary Poppins*）、《冰雪奇緣》到《魔法滿屋》（*Encanto*），廣告放出許多電影系列的經典片段，甚至配上創始人華特・迪士尼（Walt Disney）本人錄過的旁白。幾乎每個人都有迪士尼的童年連結，有些人的連結還持續到成年後很長一段時間，滿滿都是正面的聯想。迪士尼把懷舊片段放進新脈絡後，成功迷住觀眾的大腦。

Google的廣告更是可圈可點。在Pixel手機照片修復廣告（Fixed on Pixel）中，手機用戶「擦掉」相片裡亂入的人事物。廣告裡重複相同的視覺手法，先圈起照片的一部份，接著跟橡皮擦一樣，擦啊擦的（熟悉的動作），即使沒有依賴名人的加持，也帶來了突破性的互動與轉換率，相當了不起。

事實上，太突出並不討好。你不會一身萬聖節的打扮，前往需要穿西裝打領帶的正式社交場合。如果你這麼做，的確所有人都會看著你，但你下次大概不會再受邀。如果參加跨國銀行的工作面試，一身夏威夷衫、沙灘褲和涼鞋，面試官絕對會記住你，但你無法通過第一輪面試，甚至有可能在視訊會議打開鏡頭時就已經出局。

這裡要提到另一個規則的改變：傳遞訊息時，目標不是驚世駭俗，而是在品牌與受眾的大腦之間建立認知捷徑。如同前文的安娜穿上白色褲裝，借用20世紀初期女性參政權運動的力量,發送決心與毅力的訊號,你的品牌若能透過認知捷徑,運用熟悉感的力量,便能滲入受眾的記憶結構。

創新要的不是人們這輩子從來沒看過的東西,能認得出來才是好事。雖然多了新鮮的變化,但瞬間就懂,甚至有安心的感覺。舉例來說,Swiffer乾濕兩用拖把被視為家用清潔工具的重大創新,但外型依然長得像拖把、推起來像拖把,清潔方式也像拖把。Swiffer改造了潛意識腦認得、預料之中的核心元素:長長的手柄與拖把頭。懂得運用熟悉感,便能與大腦合作,利用現成的神經路徑,不必另起爐灶。從我們購買的產品,到我們觀看的影視節目等等,這個概念在所有領域都能帶來成功。

產品系列延伸、續集與前傳

每一年,成千上萬的品牌都會推出產品系列延伸(product line extension),經過小幅度的變化,拓展原本的系列產品,讓舊酒有新賣點,例如低卡路里版的蘇打餅、添增第三個相機鏡頭的升級版智慧型手機、新版型的褲子、刷頭能讓睫毛雙倍纖長的睫毛膏、新一季的串流影集、延續作者前作的勵志書等,這些全都屬於產品系列延伸。

企業會在距離產品上市還有好幾年,就策劃出完整的產品系列。那就是為什麼多力多滋(Doritos)等公司,最後會冒出一百種不同的口味,從經典超濃起司、美式鄉村、甜辣椒,紐奧良辣醬,再到有機白切達起司與衝浪汽水,無所不包。這些產品仍是多力多滋的招牌墨西哥脆餅,只不過有著不同的調味。

品牌不推出新產品,而是延伸產品系列,原因很明顯──

從頭開發嶄新的產品上市，難度高出許多。況且不只是成本高的問題，產品系列延伸還能利用現成的品牌聯想，借用連接組。品牌延伸產品系列是在運用相同的正面聯想，重複利用多年來所發展而成的品牌。

此外，延伸產品愈接近原本的產品，在市場上的表現就愈好。多力多滋開發過消費者作夢都想不到的瘋狂口味（有人聽過深夜起司漢堡口味嗎？），不過最受歡迎的，還是超濃起司與美式鄉村等原始產品系列的延伸口味。

娛樂圈的版本則是推出續集與前傳。相關的例子很多，不過我們來看2022年Netflix的《星期三》（*Wednesday*）影集。《星期三》在上線的那一週就串流將近60億分鐘，擠進Netflix史上播放量最高的前三名。

《星期三》源自大眾喜愛的「阿達一族」（Addams Family）人物。阿達一族在1938年的卡通首度登場，接著又出現在1960年代的電視節目，全球各地都有播出。1990年代有三部相關的電影，第一部在首映週之外的週末，票房創下影史第二高，在首映週的週末票房也站上影史第十二名。此外，2019年與2021年推出的兩部正片長度卡通，也讓這個家族持續留在大眾心中，同時也讓新一代的人認識。阿達一族的品牌權益歷久不衰，重塑形象後又出現在當代觀眾面前。

《星期三》裡的人物，仍是那幾個詭異怪誕、與世人格格不入的哥德風家人，但這次主角不是媽媽魔帝女與爸爸高魔子，改成女兒星期三──剛好配合新時代的演變。從《權力遊戲》（*Game of Thrones*）的龍后丹妮莉絲・坦格利安（Daenerys

Targaryen)、《漫才梅索太太》(*The Marvelous Mrs. Maisel*)的米莉安・梅索（Miriam Maisel）與蘇西・邁爾森（Susie Myerson），再到《使女的故事》(*The Handmaid's Tale*)裡的瓊恩・奧斯本（June Osborne），強大的女主角已經成為成功系列的要素。

在影集《星期三》，阿達家的女兒被扔到寄宿學校奈落學院，因為她先前在男子游泳隊的訓練場地，倒進兩袋滿滿的食人魚，結果被學校開除。

嬰兒潮世代記得阿達一族1960年代的黑白電視節目，千禧世代記得阿達一族的電影，Z世代則深受星期三跳的一支舞吸引。這支舞瞬間在TikTok瘋傳，每一個Z世代和自己的媽媽，都在Cramps樂團的〈咕咕糞〉(Goo Goo Muck)配樂裡跳起星期三的舞步。影集《星期三》推出時，阿達一族的連接組已成長將近八十五年，新一輪的角色演繹只讓這個連接組進一步壯大。

由於熟悉會帶給大腦安全感，因此人們愈常聽到某個產品、串流節目或點子，就愈可能優先選擇。阿達一族已經存在於我們的神經網絡某處，而新拍攝的影集則動用了那塊角落的聯想與記憶。

不過，《星期三》也不是完全照抄，它的場景沒有設定在1930年代、1960年代或1990年代，而是在當代；人們穿著時下的衣服、拿著智慧型手機——不過，只有阿達一族**身旁**的角色如此。魔帝女、高魔子、弟弟帕斯利、管家老蛆和星期三，仍穿著19、20世紀之交的黑灰色服飾。星期三一如既往，綁著招牌的黑髮辮子，冷漠疏離沒情緒。如果新版的星期三帶著微笑出現在螢幕上，留著金髮鮑伯頭，穿著雛菊印花夏日洋裝，你會根本認不出那是誰。我們的大腦會拒絕接受這個新的星期三，影集也不會那麼受歡迎（或根本不會拍出來）。

熟悉感的力量在娛樂產業隨處可見。《星期三》上線的同一年，眾人期待已久的1986年電影《捍衛戰士》續集《捍衛戰士：獨行俠》，創下該年最高的戲院上映總票房記錄，光是美加兩地便賺進7億1,900萬美元，全球總票房則達到14億美元。

《捍衛戰士》的連接組在首部電影上映後，四十年來變得十分龐大，唯一的一部產品系列延伸，同樣也把對手遠遠拋在後頭。當然，兩部電影中間出現的周邊商品、惡搞作品與文化引用，讓《捍衛戰士》這部電影與劇中人物持續活在我們心中，熟悉感也進一步加深。

人們聽到肯尼・羅根斯（Kenny Loggins）的〈危險地帶〉（Danger Zon）或〈捍衛戰士主題曲〉（Top Gun Anthem），腦中只會浮現這部電影。此外，自《捍衛戰士》的年代起，幾乎每一個常看電影的人，湯姆・克魯斯（Tom Cruise）都會一直出現在他們的人生裡。阿湯哥的《不可能的任務》系列電影是另一個好例子。這個系列一共有八部，集集轟動，第一部發行於1996年，原型則是1960年代的電視節目。

品牌帝國的建立，止是靠著產品系列延伸：從007、印第安納・瓊斯、星際大戰，再到漫威宇宙、蝙蝠俠、福爾摩斯，例子多不勝數。不過要注意的是，產品系列延伸不一定總是成功。如果品牌連接組很弱，或是有大量的負面聯想，由於延伸自脆弱的根基，產品系列延伸的結果八成不會太好。

在考慮延伸產品系列之前，請先問自己兩個問題：一、你推出延伸產品，是不是為了補足營收缺口，因為母品牌（base brand）*正在衰退？二、你是否能替主品牌帶來新顧客？如果第一題答「是」，第二題答「否」，那麼你的產品系列延伸大概不會發揮最大效益。

　　相反的，欣欣向榮的健康品牌連接組，能讓產品系列延伸獲得多年的成功，錦上添花。原本只屬於一個領域的品牌，逐漸發展成跨領域的超級品牌。

　　有的人會說，只利用原有品牌的熟悉聯想，得出的東西八成會太普通、太無趣或了無新意。到底還要重拍多少次阿達一族？不該讓它自然消失嗎？顯然不該，原因在這：利用大眾記憶中原本就有的熟悉聯想，成功機率將大增，但有一點不能忘——光是完全複製以前的東西並沒有效。你得讓熟悉的東西有新意；你得帶有區別度。

區別度的力量

　　想像一下完美的柳橙。新鮮，飽滿多汁，帶有柑橘植物的芳香、微酸的濃郁甜味；天然，剛從果園採下，佛羅里達州最優秀的農產品。把這個畫面放上柳橙汁的瓶子，就成為影像觸發點。不過，市場上銷量最好的柳橙汁純品康納（Tropicana），還

---

* 編注：母品牌是產品系列延伸的基礎，例如系列電影的第一集。主品牌（master brand）則是涵蓋母品牌、延伸產品的大品牌。

在柳橙上加了一個小細節，創造強大的區別度：一根紅白色的吸管。

那根插進水果的吸管，看起來讓人隨時可以直接從源頭喝到果汁。你幾乎可以感覺到用吸管插水果的動作，就好像有人急著喝到那顆熟度剛好的柳橙，無法多等一秒。純品康納包裝上的柳橙，不只是一顆柳橙。一根吸管的畫龍點睛，勝過千言萬語。

正面的聯想從那個圖像一湧而出，但不只與完美的柳橙有關，而是完美的柳橙汁：風味絕佳、絕對新鮮、真正的水果、直接來自果樹、在熟度正好時摘下、未經加工。如同所有有效的成長觸發點，這個認知捷徑運用大量的正面聯想，帶來產品優秀的印象。再一次，這只是在熟悉的事物柳橙上，加一點小小的創意變化。

然而，那個小小的不同，除了讓一顆柳橙的圖像有所區別，**還專屬於純品康納**。那只是一顆水果和一根吸管，但插著紅白色吸管的柳橙，已經成為我們大腦記憶結構裡的一部份，構成了純品康納的品牌連接組。純品康納因此在美國一直是柳橙汁的領導品牌，光是在「冷藏柳橙汁」這個產品類別，就有近十億美元的銷售額。那可是真正的突破。

區別度常是「區別化品牌資產」（distinctive brand asset，以下簡稱DBA）帶來的結果。DBA是指品牌擁有的熟悉元素，有可能是刻意為之，也可能是聯想造成的。DBA是強大的識別符號，滲入記憶結構，與品牌密不可分。DBA的好處包括加速提升顯著性、增加連接組的大小、建立相關性（尤其是如果它們對受眾具有特殊的意義），以及增加區別度（有時也稱為差異化或清晰度）。

　　LOGO是最初的DBA。亞馬遜的箭頭、賓士的三芒星、奧運相連的五環、Instagram的相機、CVS藥局的稜角心、《紐約時報》的T字，以及Apple那顆「被咬了一口的蘋果」，全是品牌的速記提示，一眼就認得出來。不過，光有LOGO還不夠。在今日要建立品牌顯著性的話，還得有全套的DBA，在各個消費者接觸點反覆使用、說出品牌故事，進而建立健康龐大的品牌連接組。這類DBA包括：

- 品牌世界（Brand World）：指品牌存在的地方。不論你使用哪種通路，品牌世界始終如一。如果你生產與販售登山靴，你的品牌世界有可能是穿過森林或通往山頂的美麗小徑。
- 專業性：透過圖像或視覺元素，快速傳遞產品或公司是如何帶來過人的效果，例如高露潔的彩色橢圓漩渦象徵著「全方位」——替整個口腔加上保護層，除了能防止蛀牙，還能殺死附在牙齦、口腔側壁與舌頭上的細菌。這個弧形被放上產品包裝，並在廣告裡圍繞個人的頭部，象徵著防護性，傳遞出高露潔過人的口腔護理專業。
- 消費者效益（Consumer Benefit）：這是另一種重要的視覺型DBA，能傳遞出使用你的產品或服務，會有什麼影響或好處。舉例來說，紅牛（Red Bull）能量飲料的翅膀，便是以視覺的方式，呈現喝下這款飲料的消費者將多麼感到精力充沛。

- 符號：符號是最簡潔與簡化的速記提示，充滿正面的聯想，例如圓形圖章裡有一片葉子，寫著「100%」純天然，或是包裝上有三角形的回收符號。請注意：「圖章」本身便象徵著權威與地位，也因此是強大的捷徑。然而，唯有當設計師能讓人透過圖章認出品牌，那個圖章才算是DBA。

益普索市場研究公司曾經分析兩千多個美國創意廣告，他們發現，相較於不含DBA的廣告，如果含有視覺或聽覺的非語言DBA，獲致優異效果（高辨識度與正確的品牌歸屬〔brand attribution〕）的可能性高出34%。

DBA有可能聽起來和成長觸發點很像，但兩者不一定相同。以純品康納為例，基於前述各種渾然天成的正面聯想，「插著吸管的柳橙」既是DBA，也是成長觸發點。然而，品牌的吉祥物有可能是DBA，但不是成長觸發點。例如東尼虎永遠會和家樂氏香甜玉米片連結在一起，但隨便一隻卡通老虎本身，卻不會帶來任何玉米片相關的正面聯想（或大概根本不會有任何聯想）。美國家庭人壽保險的鴨子或GEICO保險的壁虎也一樣——鴨子和壁虎本身沒有與保險相關的正面聯想，也因此不是成長觸發點。

找到充滿強大聯想的心智捷徑，接著又能借來當成你的品牌DBA，才能算是大功告成，例如純品康納的柳橙與吸管、純水樂的雪山。這兩個LOGO標誌不只是成長觸發點，而是我所說的**區別化品牌觸發點**®（Distinctive Brand Trigger®，簡稱

DBT）。

DBT本身就是威力無窮的提示，同時也是DBA。了解這點後，你會明白開發DBT的最佳方式，將是從你的領域裡取出具有意義的圖像或符號，再以帶有區別度的方式連結至你的品牌。這可是當務之急，因為一旦做到，你將有絕佳的把握能讓這個資產被儲存在記憶結構裡——這是你的品牌連接組能快速擴張的基本條件。

舉例來說，希羅菲盧斯（Herophilus）這間生技新創公司，致力於找到治癒神經疾病的新藥（神經藥物，英文為neurologic drug或neuro drug）。該公司的LOGO是左右腦的簡單圖像，這看起來很合理，畢竟希羅菲盧斯就是在研究腦空間，不過希羅菲盧斯沒使用到處都看得到的那種大腦圖。LOGO的左腦處，有幾個帶來區別度的圓圈，用突觸與神經元象徵腦內的運作；LOGO的右腦處，則是較為典型的大腦輪廓圖。

LOGO上的左右腦合在一起，成為突出的圖像，直覺傳達出專業、化繁為簡與科學的嚴謹。於是，我們立刻相信，希羅菲盧斯擁有成功帶來神經研究突破所需的要素。

此外，公司的名字本身也是一個DBT。希羅菲盧斯是古希臘的醫生（西元前335到280年），被視為史上第一位解剖學者。這點除了帶來正面的歷史聯想，也讓這個品牌等同於原創與革命性新事物的起點。希羅菲盧斯的LOGO標誌與名字充滿正面的聯想，因而成為DBA，使人主觀認為這家公司更為優秀。

由於DBA效果強大，因此法律社群會質疑，使用與他人品牌類似的資產，是否構成智慧財產權侵權。使用別間公司的

DBA，難道不是「偷」了別人經年累月形成的正面聯想？當然可以這麼說。想一想嬌生公司的嬰兒洗髮精與相關嬰兒產品上的招牌淚珠，那滴淚珠被連結至嬌生的「不流淚」配方，已有超過半世紀的時間，但自有品牌或商店品牌（最常見的大型品牌資產借用者）卻常常在自家的包裝上，也放上類似的淚珠圖案。零售商只稍微改了一點，就直接擺在嬌生產品的旁邊。結果是什麼？它們借用原始品牌耗費數十年在民眾腦中建立的正面聯想，獲得不小的市佔率。雖然自有品牌或商店品牌在某些類別佔不到10%，在其他類別卻能佔到30%以上，全靠借用既有的DBA帶來的聯想。

DBA威力驚人。即便只看到一角，消費者的大腦就會自動填空。你可以用任何知名品牌的DBA做一下實驗。舉例來說，就算你只看到多芬（Dove）招牌清潔皂的D或e，還是能立刻認出肥皂的品牌。本章目前為止提到的任何品牌也一樣：多力多滋開頭的D、亞馬遜的箭頭、Apple的蘋果咬痕、純水樂被雪覆蓋的山脈、湯姆・克魯斯在《捍衛戰士》中，戴著飛行員太陽眼鏡的面部一角。

只秀出DBA的一部份，反而能進一步提升參與度——對大腦來講，有如有趣的拼圖遊戲。大腦基本上有辦法憑著先前看過的印象，預測DBA其餘的部份。我們的大腦不只會處理收到的資訊，還會積極預測擺在眼前的刺激與輸入。當你的DBA變得眾所皆知，在行銷中鋪天蓋地的使用、幾乎無所不在，民眾的大腦就更能預測這個DBA缺少的部份，不需要看到整體，也會自行補足圖像。如果你的DBA厲害到即便不完整，受眾也認得出來，那麼它們顯然能發揮作用。

很不幸，許多企業不一定會意識到自家DBA的力量，也不曉得DBA的價值。有的公司打著現代化或創新的旗號，或單純因為不知其重要性，捨棄自家的DBA，改名字、換包裝、拋棄吉祥物、重新裝潢店面環境，無意間卻割捨掉有意義的元素。

你可以把大腦想成自帶GPS。當企業移除自家的DBA，有如拔除消費者腦中用來找到產品**與**判斷品質的路標。品牌移除太多DBA的時候，大腦沒有路標可循，無法導航，找不到你的產品或點子。思考DBA被移除後發生的事，就能真切了解區別度與DBA的龐大威力。

改頭換面的災難

純品康納在2008年決定要讓品牌煥然一新，結果帶來行銷史上最著名的包裝設計大出包。說是「大出包」還不足以形容發生的事，簡直是徹頭徹尾的災難，大約讓純品康納損失5,500萬美元。

純品康納聘請設計公關公司阿內爾集團（Arnell Group）之後，決定不只要拿掉柳橙上的吸管，而是直接拿掉果汁包裝上的柳橙，由裝著柳橙汁的大高腳杯取代這個經典的圖像與DBS。新包裝是一杯剛倒好的柳橙汁，果汁的上緣還浮著泡泡。雖然純品康納另外還替果汁盒加上長得像柳橙的橘色新蓋子，但顧客的大腦還是無法連結。吸管在哪裡？**柳橙**在哪裡？

看來阿內爾集團說服了純品康納，把焦點從真柳橙轉移至裡頭的果汁。然而，當某種食物或飲料被視為接近大自然的源頭,有著那麼多正面聯想可供運用,阿內爾與純品康納卻調轉方向,讓意象遠離果汁的源頭,改成靠近消費端。再見了,柳橙;哈囉,玻璃杯。

然而,把柳橙汁從紙盒倒進玻璃杯再喝下去,非常不同於把吸管插進一顆柳橙,直接吸出果汁;後者有如直接啜飲新鮮的泉水。吸管與柳橙讓人想起果汁的源頭,進而聯想到品質;一杯果汁則不同,有可能是濃縮果汁、有可能是稀釋果汁,也很有可能品質不佳。品牌透過強大提示累積的一切正面聯想,瞬間化為烏有。純品康納重新設計包裝後,沒替品牌帶來正面的影響,反而成為**價值摧毀**(value destruction)的例子。

這種價值摧毀非同小可。新包裝在2009年1月初登場時,幾乎是立刻造成財務衝擊。純品康納流失大把鈔票,銷售在兩個月內便下跌兩成,少了3千萬美元,而競爭者則大舉接收純品康納的前顧客。怎麼會這樣?答案很簡單,而且這種事永遠都在發生。企業不一定了解自己擁有的寶貴資產,因而低估那些資產在直覺式決策過程中的重要性。你在動DBA的任何一根寒毛之前,你得先找出那個DBA帶給消費者的聯想。

這裡不是在談包裝屬性,也不是在談消費者喜不喜歡。舉例來說,傳統的研究法會展示兩種包裝設計,讓純品康納拿給焦點團體看「柳橙插吸管」和「一杯果汁」。如果你問了傳統的研究問題:哪一個「最吸引人」?消費者有可能選玻璃杯的包裝,並給出理由:這個比較現代。然而,那是消費者的意識腦在說話,不能那樣問。

你得問這兩種設計引發了什麼聯想。如果你問了,你會發現柳橙插吸管引發大量的正面聯想，讓人感到產品有更好的品質、天然又新鮮；相較之下，玻璃杯只有寥寥可數的正面聯想。如果你得知你的資產有這樣的力量，尤其是如果消費者用那個提示，在網路或貨架上找到你的品牌，你就得小心行事，避免做出任何重大改變。

純品康納聘請的設計公司，單純不明白自己處理的DBA有多大的力量，大手一揮就拿掉民眾相當熟悉的資產。然而，消費者從前便是利用這個重要的路標，在貨架上找到自己的首選品牌。此外，這個DBA也是帶有大量正面聯想的認知捷徑，讓人感到純品康納的柳橙汁比較高級。設計公司還改了包裝的字體，不過比起拿掉柳橙，改字體是小事。大部份的消費者在尋找純品康納的果汁時，不是找「純品康納」幾個字，而是找條紋吸管和柳橙。字體有可能是DBA，不過以純品康納的例子來講，改字體造成的影響，遠遠不及改變圖像——純品康納的品牌變得讓人認不出來了。

了解大腦如何運作後，就不會奇怪為什麼純品康納改變包裝設計後，有那麼慘烈的下場。他們拿掉已經成為消費者實體記憶結構中的區別元素，等於是把自己從顧客的大腦中剔除，有如2004年的電影《王牌冤家》中的人物被消除記憶。（不過，如果你看過這部電影，你就知道最強烈、最正面的記憶，永遠不會完全消失。）

購物者發現換上新包裝的純品康納在貨架上望著自己時，第一個念頭八成是：「你動了我的果汁。我認得、我喜歡、我每星期都買的果汁去哪了？」由於包裝外的東西，說出包裝內有什麼,因此當你拿掉強大的提示,同時是在暗示果汁本身也變了。

事實上,換新包裝隨隨便便就會導致銷售下跌10%至15%,因為即便是小幅度的變動,也會帶給顧客產品本身變了的印象,即便裡面的東西**根本一模一樣**。所謂的包裝改良帶來的新顧客,很少能彌補不願意接受改變而流失的老顧客。以純品康納的例子來講,**新顧客**也沒獲得強大的視覺提示,也就是說,進入果汁類別的潛在購物者,並未體驗到影像觸發點,那個一開始讓大批顧客受到吸引的原因。少了DBT傳遞優秀柳橙汁的印象,純品康納不僅喪失原本的顧客,也抓不到潛在的顧客。

這種事一再上演。八成是某個人說服上頭的人,柳橙和吸管過時了,每一個柳橙汁牌子都用柳橙,我們來試點別的——你猜到了——試點獨特的東西。然而,你不需要獨特;你要的是熟悉感,你要的是意義,再加上有區別度的創意。

2008年,純品康納的柳橙下方還有一片小綠葉,進一步利用「柳橙代表新鮮摘採」的概念。插著吸管的柳橙,是令人熟悉的類別提示;如果加上吸管,那是DBA;但如果兩者都沒了,那就是災難。純品康納一見大事不妙,立刻宣布重新採用舊的包裝設計。雖然葉子還是不見了,但吸管和柳橙回來了,純品康納奪回寶座,至今仍是果汁界的領導品牌。

瑪姬換鴨子

大幅更動包裝設計、捨棄或大幅調整關鍵提示或DBA,只是價值摧毀的一種方式,還有很多做法也會摧毀價值。讓我們再次回到吉祥物。有的吉祥物深受喜愛，不知不覺中帶來不可勝數的正面聯想。捨棄這種吉祥物，有可能讓領導品牌跌下第一名的寶座。

棕欖（Palmolive）的洗碗精在1960年代讓世人認識瑪姬（Madge）。瑪姬是一名討喜的中年美甲師，由女演員珍‧麥納（Jan Miner）扮演。近三十年的時間，瑪姬出現在棕欖的美國廣電廣告與平面廣告，她經常拿美甲客人的手況開玩笑，例如說：「快點叫警察！把手保養成這樣，這是犯罪！」或是：「當我看到你的手，我希望自己是護士。」接著，她會一次又一次的提供那個令人意想不到的解決辦法：沒錯，棕欖洗碗精。

顧客會對瑪姬的話感到不可置信，然後發現瑪姬剛才抹在他們手上的液體，其實是洗碗精。瑪姬會說：「吸收進去了！」美容院客人會嚇一大跳，反射性的抽回手，並問道：「溫和配方？」瑪姬回答：「喔，不只是溫和而已。」接著廣告詞出現：「洗碗用棕欖，雙手無比嫩。」在舌粲蓮花的瑪姬面前，就連最多疑的客人（通常是家庭主婦），也信了棕欖的神奇之處。

洗碗精必須帶給消費者兩大好處：有效清潔、不傷手。棕欖不僅能把碗盤洗乾淨，還非常適合乾裂的皮膚，這點本身就是吸引力十足的主張，但瑪姬才是這場戲的主角。人們喜歡她，她幽默風趣、直言不諱又接地氣，願意分享珍藏的祕訣。觀眾感到瑪姬像是自家人，尤其是棕欖在1960、1970、1980年代瞄準的廣告目標客群。觀眾希望自己和地方上的美容院美甲師，關係也能有如瑪姬和她的客人那樣；或者，最好根本不需要上美容院──反正她們有瑪姬，永遠可以購買棕欖的產品。

在那段時期,許多女性待在家帶孩子、做家事,出門修個指甲或是去一趟美容院,其實是一種社交活動,甚至是情緒的宣洩口。在1960年代,大部份的美國母親不會接受心理治療,但可以和瑪姬這樣的人暢談心事。在棕欖的廣告中,瑪姬會照顧她們,永遠不會傷害她們或她們的手。瑪姬照顧好客人,客人則報以信任。

　　接著有一天,在瑪姬協助棕欖建立品牌數十載後,她人間蒸發。1990年代的行銷團隊判定瑪姬氣數已盡,他們認為她已經風光不再,尤其是對X世代起不了作用。是時候向前看了。然而,棕欖沒意識到自己這些年來透過瑪姬,累積了多少聯想:呵護、受到信任的顧問與朋友、有效、有話直說、風趣、是自己人。棕欖嘗試用幾種不同的廣告取代瑪姬,不再找美甲師擔任能說心事的密友。

　　雖然瑪姬消失得很突然,但後果並未立刻顯現,至少沒有純品康納那麼明顯。起初,棕欖的品牌屬性追蹤(brand attribute tracking,研究品牌權益或品牌的總價值),沒出現任何重大的轉變。接著一兩年後,毫無預警,棕欖品牌的整體健康屬性急轉直下——暴跌兩位數。棕欖覺得碰上了莫名其妙的禍事。企業會認為禍從天降,原因是沒關注大眾的記憶。前文提過,當企業不追蹤聯想,只追蹤品牌屬性,就有可能因此遭到誤導。

　　棕欖發生了什麼事?瑪姬這樣的DBA令人難忘,有關於她的記憶,長期深深烙印在消費者腦中,一度以正面的方式影響品牌觀感。在那些歲月,公司的領導層八成自信滿滿,以為棕欖的產品暢通無阻，品牌健康屬性也很穩定。然而，太平歲月過了幾年後，後果開始顯現，大眾的記憶開始消退，品牌健康度跟著驟降。管理階層措手不及，因為他們沒關注人們的內心。

記憶和藥物或咖啡因一樣，在我們體內有半衰期。記憶會存在一陣子，但要是沒增強，就會隨著時間消散，被新的記憶與聯想擠出去，使你的品牌連接組在受眾腦中的實體尺寸縮小。各行各業總是在重演這種事。品牌會自毀長城，拿掉DBA、行銷宣傳方式前後不一，或是刪減廣告預算，結果過上幾年安穩的日子，接著就突然自由落體。

記住，由於輸入與刺激的緣故，人類的大腦永遠在變化。拿掉強大的資產，就像是在上映夜排隊看電影，結果排到一半走人。一旦離開，想回到原本的排隊位置，幾乎是不可能的事。

棕欖就是那樣。隨著棕欖失去民眾腦中的記憶結構，有一個主要對手慢慢取而代之，接手棕欖在消費者腦中的排隊位置。這個對手能成功，部份原因也與吉祥物有關：可愛的黃色小鴨。

國際鳥類救援研究中心（International Bird Rescue Research Center，簡稱IBRRC，今日更名為「國際鳥類救援」〔International Bird Rescue〕）曾耗費多年，測試發生漏油事件後，什麼樣的方法能清除鳥類身上沾染的油污。

IBRRC在1978年發現，道恩（Dawn）的洗碗精比他們試過的其他牌子，更適合完成這項任務。IBRRC的主任傑・霍康（Jay Holcomb）表示，道恩能去除油漬、快速洗掉油脂，而且鳥類吃到也沒關係。只要沖掉，也不會傷到牠們的皮膚與眼睛。道恩洗碗精不僅能有效清除鳥兒身上的油污，對牠們脆弱的翅膀來講也溫和又安全,還很好取得(按照霍康的說法,連阿拉斯加最偏僻的地方也找得到),總之道恩樣樣不落人後。你就算是花錢,也無法替自家產品買到這樣的新聞報導。

不過,一直要到1989年發生阿拉斯加港灣漏油事件(*Exxon Valdez* spill),道恩與「清潔、拯救鳥類」的連結,才真正被民眾注意到。義工被傳授如何在水邊小心翼翼用洗碗精,輕柔洗去鴨子羽毛上的油漬。如果連小鴨身上的油污,道恩也能細心有效的清理,那麼當然也能一邊去除碗盤上的油漬、一邊保護你的手。道恩公司眼見公關獲得巨大成功,便做出大膽的舉動:直接在包裝上放黃色小鴨。

一般來說,廣告會帶領公關策略,但這次是公關帶領包裝與廣告的方向。史上不曾有過這樣的例子,居然把公關宣傳中的象徵放在包裝上,當成整體的品牌象徵。如同所有的成長觸發點,小鴨帶有的強大正面聯想,被轉移給道恩洗碗精:溫和、柔軟、呵護、環保意識。此外,別忘了超強的清潔力。這個認知捷徑傳達了道恩不僅能溫和應用在最脆弱的生物上,也能有效去除油污──環境裡最毒最髒的物質。

在這場行銷史上最精采的公關宣傳,黃色小鴨成為道恩的吉祥物,也成為直接與品牌相連的強大DBT。三十五年後,年輕的世代甚至不記得發生過阿拉斯加港灣漏油事件,但照樣明白小鴨代表的意義,使這個象徵的出處更上層樓。溫和與效力的完美平衡,讓道恩的新吉祥物威力更勝瑪姬。道恩憑著傳遞洗碗精最重要的兩項好處(有效清潔與不傷手),市佔率大幅提升,輕鬆打敗棕欖。

＊　＊　＊

　　獨特性的重要程度被高估。品牌十之八九會失敗，原因就在這：試圖用走在太前面的東西吸引顧客──那種顧客從來沒見過的東西。但那不是人們要的；人們渴望熟悉，不渴望奇特。我們喜歡的是有區別的變個花樣，讓大腦仍舊能辨認，有辦法輕鬆找出連結。我們想要嶄新點子的程度，其實比不上替我們理解的已知事物增添價值。

　　只要開發各式各樣的DBA，尤其是建立在現成的強大試金石上的DBA，就能協助品牌在人們的腦中建立起多個據點。摧毀DBA就是在摧毀價值，有可能元氣大傷、難以恢復。移除DBA，也是在移除你已經在受眾腦中建立的記憶結構。此外，當你拋下累積多年的正面連結，不僅是在傷害品牌健康，也是在傷害你的事業。

　　事實上，棄用DBA或DBT，就像是砍掉你的樹枝，或是挖掉樹根。DBA或DBT在腦中有著最強健的根系，比任何其他的資產都還要深入大腦。斬斷它們，它們便再也沒機會在目標受眾的記憶結構裡成長。每一次你更動DBA，都是在縮小連接組，導致消費者失去正面的聯想，更難把點與點連在一起。

　　你必須保護DBA，就像母獸保護幼崽。千萬不要輕視這些資產，必須抱持敬意，敬畏它們的力量；此外，假如你捨棄它們，等營收不免開始下滑時，也別意外。你該做的事情，是打造DBA組合，而不是加以摧毀。如果不懂DBA在大腦的重要性，拓展事業將難上加難。

06

多層次勝過單一焦點

直覺規則：單一品牌訊息會扼殺成長,多重訊息才能加速推進。

　　適樂膚（CeraVe）2006年問世時,僅提供消費者三種皮膚保養產品：保濕霜、保濕乳與保濕潔膚露；接下來十年,這個品牌的市佔率悄悄擴大,2017年被母公司威朗（Valeant）賣給萊雅（L'Oréal）；接下來四年,適樂膚震驚大部份的護膚同行,以席捲之勢崛起,一下子躍升為市場龍頭,產品種類拓展至七十多種。

　　適樂膚的護手霜與身體乳霜在2021年成為全美第一,銷售約達2億美元,超越業界最知名的幾個品牌,包括Gold Bond、妮維雅（Nivea）、舒特膚（Cetaphil）、婕可詩（Jergens）、優瑟琳（Eucerin）、艾惟諾（Aveeno）。

　　此外,適樂膚也在面部清潔競賽中勝出,同類別的銷售比舒特膚多幾百萬美元,也比露得清（Neutrogena）多了近7,000

萬美元。然而，就好像這樣還不夠似的，適樂膚亦登上該年的面霜第一名寶座，擠下臉部肌膚保養市場原本的女王歐蕾（Olay）。

如果你熟悉適樂膚這個牌子，八成知道它家的產品由皮膚科醫師研發。這件事清清楚楚寫在以藍白二色為主的包裝上，但適樂膚的成功祕訣還不只如此。如果只強調皮膚科醫師的認可與研發，當然會有一些立即的正面聯想，包括產品經過驗證、科學、出自專家之手。不過，光那樣還不足以讓適樂膚一舉登上食物鏈的頂端，吃掉眾多老牌護膚巨人的利潤。適樂膚其實做了多數的行銷與廣告公司專家說不能做的事。

商學院、廣告公司、行銷訓練課程全都教導我們，溝通必須精煉出單一的強大主題，聚焦於一個訊息就好。有的行銷專業人士稱為「策略性的單一」（your strategic one thing），其他人則稱為「類異點」（point of difference）：富豪汽車（Volvo）等於安全；泰諾代表關懷；Apple 是創意的化身。

這條傳統行銷的重要規則，誤以為企業如果同時傳達多種好處，訊息會被稀釋。背後的邏輯是大腦一次只能專注於一個概念。然而，連結受眾時，這點其實無關緊要。雖然大腦的確喜歡簡單，但如果要創造直覺式的品牌偏好，則必須讓大腦同時沉浸於多重的訊息與提示──只有一個可不行。

層次多，滋味才豐富，大腦更有一探究竟的動力。你想想，要是千層麵拿掉一層層的瑞可塔起司（ricotta）、番茄醬、義大利甜香腸與牛絞肉，只會剩下一堆乾巴巴的麵皮。

多重的主題和概念能協助品牌連接組成長，增加顯著性。

適樂膚剛進入市場時，訊息完全圍繞著**皮膚科醫師**打轉。雖然消費者或許會把健康照護的決定權交給醫師，但穿著實驗袍、凝視著顯微鏡的人，本身是扁平無趣的單一形象。然而，今日再去研究適樂膚的包裝、觀看它的廣告，或是上它的網站和社群媒體，你將看到不一樣的樣貌。

雖然依舊提到「皮膚科醫師第一推薦的護膚品牌」，包裝也仍然高度貼近臨床實用的形象，但還有很多額外的東西，使多重的訊息交織在一起。以某支觀看數最高的適樂膚線上廣告為例：女性的肩膀、臉部、身體的美麗肌膚影像，與背後的純白背景形成對比，如果說那是高級化妝品的模特兒，也會有人相信；而起伏的藍白色波浪，從一瓶保濕霜輻射出去，飄盪在螢幕上，輕撫著那名女子的肌膚。

看廣告的人很快便得知，那些波浪線條象徵著**神經醯胺**（ceramides），那是一種皮膚的天然分子，能避免皮膚乾燥、痘痘與濕疹。消費者的大腦會翻譯成明確的訊息：適樂膚的產品含有神經醯胺，不需要有害的化學物質，就能輔助、保護皮膚的天然回春流程。廣告接下來會切到「示範」的鏡頭，同樣的藍白波浪搭配數位化的水滴，滲進皮膚截面圖。字幕說明，神經醯胺是如何恢復肌膚的天然保濕層，一邊鎖水，一邊又能抵擋傷害。

美麗肌膚的特寫鏡頭，與適樂膚產品如何在皮膚裡起作用的解釋並排，提供完整的故事，充分吸引了消費者的大腦。適樂膚最初由醫生背書的科學基礎還在，但受眾今日能接收到**更完整**的品牌面貌。如同電影《媽的多重宇宙》(*Everything Everywhere All at Once*) 中的王秀蓮，或是經典童話裡走出家門的灰姑娘，當皮膚科醫師的實驗袍被扔到一旁時,反而能展露出更多的風采、風格與活力。適樂膚完美融合美容、科學、天然與專業,不再只是醫生推薦的臨床品牌。

威朗是適樂膚先前的母公司,它發現了神經醯胺這項先進的技術——皮膚細胞的油脂可以協助維持健康的皮膚屏障。適樂膚運用這種特殊成分,遏止常見的皮膚問題,例如濕疹、痘痘與乾燥。

新老闆萊雅則把這則先進技術的故事,連結至人人想要的美麗、天然與光滑肌膚。當然,適樂膚在還只仰賴臨床形象的階段,同樣有所成長,但改成圍繞多重主題進行定位之後,隨即在大腦裡出現爆炸性的擴張,銷售量也跟著大增。

雖然對護膚產品與顧客來講,科學和美容都很重要,但許多品牌遵守單一行銷訊息的老規矩,只專注於其中一個,犧牲了另一個。許多品牌在溝通時,過分強調美妝的一面,卻沒提出多少產品有效或具備哪些功能的證據;其他品牌則只強調產品的技術與成分。適樂膚巧妙結合兩者,同時又納入其他許多正面的聯想,因而在消費者的大腦裡欣欣向榮,品牌連接組快速成長。

傳統的行銷會宣稱,除了「由皮膚科醫師研發的肌膚照護」之外,其他所有的附加主題都無足輕重,不僅多餘,還會傷害品牌。許多行銷與廣告領導者會反對多重訊息的做法,他們會質疑怎麼能把五種不同的主題——保濕、先進科學、天然、健康、美容——統統塞進同一則品牌溝通訊息。

然而,如同許多舊式的行銷規則,這種質疑站不住腳。光是看看適樂膚的廣告,就能看出這五個主題完美的融在一起。只要你有辦法串起所有的訊息,就不會有打架的問題,而是會彼此協同、發揮作用,強化有多重面向但前後一致的品牌故事。

適樂膚在溝通訊息時,使用視覺上連綿不絕的單一影像觸發點——藍白波浪同時象徵著光滑的皮膚、保濕與神經醯胺——這種做法也不會有問題。連綿不絕的波浪線有如精美包裝的緞帶,用一個漂亮的蝴蝶結把好幾個主題綑綁在一起。那個結很關鍵。各種聯想要能互補、合而為一、帶來整體的和諧感,不能只是丟出一堆不相關或矛盾的聯想,亂槍打鳥。如果做對了,多層次的訊息能帶來包羅萬象的品牌世界,讓你的連接組成長,在目標受眾的腦中擁有更大的實體存在。

適樂膚不只稱霸2021年的護膚類別,該年的銷售更是達到數十億美元。萊雅在2017年買下適樂膚後,立刻配合萊雅的美容時尚背景和旗下的旗艦品牌,例如蘭蔻(Lancome)、卡尼爾(Garnier)、植村秀(Shu Uemura)、亞曼尼(Armani)與YSL,開始堆疊訊息。萊雅掌管著五花八門的高級百貨公司與設計師品牌資產,知道如何建立令人嚮往的形象,而這也正是萊雅買下適樂膚的原因。

在萊雅收購的時候,適樂膚已經在美國的護膚類別快速成長,而萊雅除了買下適樂膚,還一併買下AcneFree、Ambi這兩個護膚品牌,合併營收約達1億7千萬美元。

儘管收購這樣的事業,再用不到四年的時間使其蛻變成價值十億美元的品牌,堪稱一大壯舉,但大部份的人會說,適樂膚能如此成功,只不過是因為多了萊雅的行銷支持和龐大的行銷通路,讓這個在地品牌得以走向全球市場。到了2022年,適膚樂在美國的銷售相較於去年同期大增了55%。此外，人們也會說是TikTok網紅海拉姆・亞布羅（Hyram Yarbro）幫了大忙，他的關注人數超過6,000萬人，其中大多是Z世代。

對適樂膚的品牌成長來講，通路優勢與病毒式的社群媒體曝光，無疑扮演著重要的角色，但這些不是適樂膚之所以成功的唯二因素。大公司時常收購小公司，並提供更多的資金與通路，但鮮少獲得如此驚人的報酬。此外，網紅有可能是品牌成長的重要推手，但很少能讓品牌一飛沖天，霸佔第一名。適樂膚的母公司從威朗換成萊雅，最大的變化是多了萊雅的美容專業與敏銳嗅覺，得以增添先前沒有的面向。這些新的層次帶來令人無法抗拒的整體品牌故事。

2017至2021年間，適樂膚在美國市場的銷售能年年強勁成長，憑的是在消費者腦中種下多層次的聯想：保濕、先進科學、天然、健康、美容。主題如此多元，不只是錦上添花，而是必要之舉。雖然不符合傳統的意識行銷規則，但多層次的訊息提升了心智可得性、拓展了品牌連接組。一個又一個正面的聯想整合在一起後，有如多根輻條，能讓車輪保持穩定；倘若只有一根，那麼輪子將永遠出不了車庫的大門。

單一焦點缺乏優勢

廣告高階主管傑克・屈特（Jack Trout）與艾爾・賴茲（Al Ries）的大作《定位》（*Positioning*），支持「只呈現單一強力品牌訊息」的概念，也大力推廣。兩位作者在這本1981年首度出版的作品,將定位描述為與人們心中已有的東西合作,重新接上現成的連結,無須創造出「不同的新東西」。屈特和賴茲超前於時代,早在行銷領域尚未出現行為經濟學與神經科學之時,就提出真知灼見。不過,他們力有未逮的地方,在於沒有解釋如何實際連結消費者的心智。

《定位》支持「一個品牌搭配一個簡單概念」的假設。「在我們這個訊息氾濫的社會裡,」兩人主張,「最好的辦法就是過度簡化訊息。」也因此美樂(Miller)應該死守淡啤酒,七喜要專攻可樂以外的汽水,而艾維士租車(Avis)只能推銷「自己是市場老二,所以更勤奮努力」。雖然兩位作者談到要「填補心智的空缺」,但只填一個洞不管用。你必須建立完整的公路網,從自家品牌通往人們心中原本就有的回憶,連接組才能成長。

事情和屈特、賴茲講的相反:單一焦點沒有優勢。事實上,把你的品牌溝通訊息蒸餾到只剩一個面向,是在讓品牌和它的連接組**萎縮**。只有一條訊息的連接組,只會佔下屈指可數的神經路徑。你不會是鋪天蓋地的蒂瑪瑪榕樹,而是一根小樹枝。這樣的連接組在腦中只擁有十分迷你的空間。

請記住,如同大富翁遊戲,最有效的連接組佔據了最多的房地產、擁有最大的實體足跡。只有一個訊息或正面連結的品牌,就如同只在一區有一棟房子。然而,如果你的品牌有多重訊息,建立了無數的正面聯想,那就像是整座城市的房地產都是你的。由於豐富的正面聯想會在大腦中建立起更顯著、更有彈性的網絡,消費者將直覺挑選正面連接組最大、主題五花八門的品牌。實情就是,多多益善。

在美國，富豪汽車長期以安全性出名，部份原因與富豪的箱型旅行車設計有關。富豪也是車輛安全功能的先驅，例如旗下的工程師尼爾斯·波林（Nils Bohlin）1959年設計的三點式安全帶，以及面朝後的兒童安全座椅。此外，富豪自1970年代初就成立專門的意外研究團隊來分析富豪涉及的交通事故，以研究前因後果、取得數據，讓車子在未來能更安全。

富豪的旅行車一度憑著安全、空間大，成為郊區家庭最明顯的特徵。然而，這兩個聯想不足以跟上消費者品味的變化，尤其是掀背車與SUV愈來愈受歡迎，已成為現代版的家庭旅行車。因此，富豪即時放棄方形的車架，並保留安全性的正面聯想，再加進其他的聯想，例如先進技術、舒適、創新、價格親切與豪華。事實上，2021年的《紐約時報》報導甚至表示，富豪憑著「時髦的新樣貌」擄獲買家的心──可不會有人這樣形容富豪1990年代的900系列。

富豪意識到要成長的話，就不能只強調安全性。雖然仍有必要把安全性當成核心定位，才能保住原本的品牌識別（brand identity），但加上新層次後，更可能被想買車的民眾納入選項。

大腦渴望刺激。當遇上好幾層正面的聯想時，大腦會沉浸於那些聯想所發展出來的故事，「想入非非」、保持專注，既不會無聊，也不會喪失興趣。相對而言，單一的訊息可說是「大腦利用度低」（low brain utilization）。更簡單來說，如果只專注於一個訊息，例如「使命」或「健康」，那麼只會連結至受眾一部份的大腦。

多重的訊息則和多面向的提示一樣，同時瞄準大腦的好幾個部份。「大腦利用度」愈高,或是連結至訊息的大腦部位愈多,大腦的投入程度就愈高。藉由提供大腦感興趣的多重訊息,更多的正面聯想也會隨之植入受眾的神經路徑。

美國的大學入學是這方面最明顯的例子。史蒂芬最近正在申請大學,他的父母認為兒子穩上耶魯,畢竟他成績是班上第一,校刊由他主編,還是足球明星,SAT分數也超高,週末還在地方醫院當志工。然而,史蒂芬最後沒上耶魯,甚至沒錄取半間常春藤名校。另一方面,跟史蒂芬同屆的尼可拉斯,雖然成績沒他好,各種豐功偉業也可說是沒他多,如今卻在耶魯的舊校區當學生,替耶魯的體育校隊加油打氣。怎麼會這樣?

答案很簡單。史蒂芬申請大學時走的是意識腦的路線,大書特書自己有多熱愛軟體開發、軟體開發又能如何造福社會,並列出最自豪的種種成績。史蒂芬為什麼算是優秀人選,理性的理由再明顯不過。

相較之下,尼可拉斯則在美國大學申請自傳(common app essay)裡,用多層次的聯想交織出一幅豐富的圖像,讓閱卷者能想像他這個人──熱愛歷史,和他的祖母一樣。尼可拉斯講了一則祖孫情深的感人故事,也描寫了第一次出國的情形。他把讀者帶到壯觀的歐洲古蹟,感受古聖先賢的精神;神聖的走廊裡迴盪著古人的身影,傳授年輕人勵志的座右銘與建議。在自傳的尾聲,尼可拉斯在FaceTime視訊裡告訴祖母,歐洲之旅令他深感震撼,他因此下定更大的決心,一定要踏上這條研究之路。

為什麼尼可拉斯能通過入學申請?因為他的自傳發揮作用的層面,完全不同於史蒂芬──他是在直覺的層面運作。尼可拉斯「繪聲繪影」，不只是條列事實；他沒有推銷以前的成就，而是把目光投向未來；他也沒**宣稱**自己充滿熱情，而是透過故事傳達。

尼可拉斯的650字自傳跨越歷史小說與幻想，連結招生委員心中的許多面向。說到底，招生委員做決定的方式，跟其他人沒什麼不同。他們在每週的會議上考量每一位申請者，而尼可拉斯感覺上是一個完整鮮活的人，讓人想要認識他——他有熱情、有理念、有特別的興趣，還有幽默感。相對的，史蒂芬則是只有單一面向的一堆數據，在紙上了無生氣。

招生委員跟大眾以為的不一樣，其實只要你的資格落在合格範圍，他們鮮少是用分數的高低決定生死。重點是要能一下子在委員的腦中，長出多層次的豐富個人品牌連接組。

品牌使命的誘惑

聯合利華（Unilever）在執行長保羅‧波曼（Paul Polman）的帶領下，2010年透過「聯合利華永續生活計劃」（Unilever Sustainable Living Plan），展開新的使命品牌（Purposeful Brands）策略。波曼立志打造長期策略，讓「永續」成為這間個人照護與消費品的跨國公司的核心。然而，在過去幾年，這種迎合潮流的做法很快便造成損失。到了2023年，公司獲利連續五年下滑，股價也在2022至2023年間下跌近18%。投資人自然不太開心。

史密斯股權基金（Fundsmith Equity Fund）的創辦人與經理人泰瑞‧史密斯（Terry Smith）是聯合利華的第十五大股

東,他批評聯合利華的使命策略,強調產品功能比背後的使命更重要。史密斯舉了一個例子:「就我們的觀點來看,公司要是感到還有必要定義赫曼(Hellmann)＊美乃滋的使命,顯然瘋了。」

此外,史密斯也質疑聯合利華的麗仕(Lux)肥皂訊息。據說這款肥皂「鼓勵女性超越每日的性別歧視批評,大膽表達自身的美與女性氣質」。史密斯說他上一次查的時候,肥皂的功能還是洗滌。

雖然史密斯的言論顯得牙尖嘴利,但不是只有他意識到,過分強調使命反而會傷害公司的品牌。聯合利華的公關兼企業事務總監保羅・馬修(Paul Matthews)公開承認,聯合利華「或許過度……談論品牌使命,未能顧及品牌成長與成功所需的其他一切事物」。

有的消費者與投資人弄不清楚這個品牌代表什麼;聯合利華過度關注使命,壓過其他所有品牌訊息,對損益表造成傷害。馬修意識到只專注於品牌使命的缺點,談到自己頓悟的事:「你需要好的創新,你需要正確的價格點,你需要方便購買。」

聯合利華學到重要的一課。你的品牌使命、品牌擁抱的價值觀,這些都很重要——尤其是在這個年代,環境、社會與公司治理(environmental, social, and governance,簡稱ESG)的架構已是企業實務的核心,而這也是理所當然的。不過,ESG只是拼圖的一塊,不是品牌成長的主要驅動力,不該在策略之中佔有過重的比例。

＊ 譯注:這是聯合利華旗下有百年歷史的牌子。

失策的不只有聯合利華。大約在2009年,許多品牌決定讓使命凌駕於一切之上。雖然要找出確切的起因並不容易,但有一個聲音讓人印象特別深刻,一傳十、十傳百。那一年,作家暨勵志講者賽門・西奈克(Simon Sinek)登上TED,講題是如今十分出名的〈先問,為什麼:偉大領袖如何號召行動〉(Start with Why: How Great Leaders Inspire Action)。這部影片迄今的觀看次數已突破6,700萬次,同年還出版了相同主題的書籍。

西奈克在那場演講鼓吹經營事業該有的新願景,他主張我們關注的焦點,順序不該是你賣什麼、你如何製作、為什麼要販售,而是應該倒過來,先專注於最重要的「為什麼」。

《Fortune》500大企業從頭到腳徹底接受了這個概念,他們花大錢定義品牌的使命、展開公關宣傳,並投入數百萬美元提供行銷支持。市調公司開始追蹤有多少消費者在乎品牌的使命,還追蹤重要的倡議計劃,例如公司的永續性、多元程度與其他的ESG記錄。

你可能猜到了,千禧世代與Z世代在乎使命的比例高過其他世代。因此,急著吸引年輕消費者的企業,這下子有了更多關注相關議題的理由。往後十年,這股浪潮一直持續下去;或許新冠疫情還進一步推波助瀾,導致消費者似乎更關注各種社會議題,包括平權、共融和環保。光是在2019至2021年間,希望品牌能反應自身價值觀的民眾就增加了6個百分點。

只是有一個問題。讀到這你應該已經知道,消費者說想要什麼,與他們最終選擇的東西,沒有太大的關聯。65%的消費者宣稱想要具有使命感的品牌,但只有26%真的會購買,個中原因在於,人們為什麼選某個品牌,還涉及其他許多因素。

相對於「使命驅動力」(purpose driver),這些「商業驅動力」(business driver)包括消費者利益、專業深度、先進技術、文化關聯性(cultural relevance)與品牌形象等。要是少了這些,品牌將受限於單一面向的訊息,對於提升品牌的顯著性毫無助益。

這裡的意思並非多層次策略不能納入使命,更不是不該納入,而是需要找對平衡——正確的使命訊息量,的確與品牌的成長直接相關,但程度大概沒有想像的那麼大。

舉例來說,某幾個專注於使命的品牌,將九成的訊息溝通都投入使命驅動力,例如社會公益、慈善捐贈或永續發展,僅一成用在商業驅動力,但其實應該反過來,僅一成投入使命公關。使命應該是小菜,而不是主菜。此外,宣傳你的公司「**做好事**」,與實際**做好事**並造福顧客,兩者並不相同。

溝通使命已成為行銷的新潮流,儘管業界專業人士蜂擁而至,卻缺乏實際有效的證據。由於沒人真正清楚,究竟是什麼真正促成了顧客偏好與成長,因此不論是情緒定位(emotional positioning)、市場精細區隔(hyper-segmentation)或品牌摯愛(brand love),這一類的潮流大約每十年就會出現一次,被人們視為成功的妙招。

然而,這些潮流都一樣,只是一時的。也因此,雖然表面上看起來,專注於使命十分崇高,但如果成長衰退、業績下滑,對誰都沒有太大的好處。

多重訊息的神奇功效

前文提過，相關性（relevance）的前提是品牌連結至人們心中的多個日常接觸點。不僅廣告如此，應徵工作、向潛在客戶推銷服務也一樣。不過，你的訊息必須層層疊疊，才可能達成多個接觸點。只要數個品牌聯想一起發揮作用，你就能在腦中開闢出更多路徑，使顯著性上升，進而更能影響人們的直覺選擇。

你絕對不該聚焦在三個、四個或五個**不相關**的訊息之上，也不該堆疊**矛盾**的訊息。如果要建立平衡的品牌連接組，那麼納入多元的驅動力時，就需要仔細想好全部放在一起時，能否說出邏輯連貫的故事，讓人感受到你的過人之處。此外，你還需要一個統整的品牌識別，底下包含數個驅動力與支柱。交織訊息的重點就在這。

某知名運動鞋品牌在流失市佔率二十載後，發現了多重訊息的力量。該品牌一度是運動鞋類的龍頭，但市佔率在二十年間緩步萎縮，從巔峰的50%跌至25%。最頂尖的廣告商全都試圖拯救過這家公司，但成效微乎其微。行銷長實在是受夠了，低頭看著腳上自家品牌的最新款式，拿起電話打給商學院的好友。那位好友任職於某龍頭管理顧問公司，於是一群顧問研究兩年並投入1,000萬美元後，告訴行銷長起死回生的方法，就是把品牌定位改成單一訊息：登峰造極（achieve more）。

這個解決方案聽上去很合理；畢竟是運動品牌，表現最重要。該公司帶著新策略進入市場，找來知名的籃球員，花了數百萬美元製作數位與電視廣告，再砸幾百萬美元投放，只可惜未能刺激成長。單靠表現本身，並不足以拯救這間公司。

行銷長這下子坐不住了，決定嘗試非傳統的做法——執行隱性層面的策略調查與研究。結果出乎行銷長的意料，多重主題竟是帶來潛在消費者的關鍵，尤其是公司極度缺乏的千禧世代消費者。除了運動表現登峰造極之外，適合這間公司的主題還包括先進的製鞋技術、風格，以及公司在歷史上是掀起跑步與慢跑運動的先驅。一次結合這四個驅動力，才是讓成長目標投懷送抱的勝利劇本，單獨運用其中任何一個都起不了作用。

這間公司手握吸引千禧世代的成長公式後，依據新策略打造三百六十度無死角的行銷廣告，接著奇蹟發生了，幾星期內，營收就從衰退變成上揚兩位數。市場結果出爐時，目瞪口呆的行銷長說：「真好笑，這些年來，每一個主題我們都分別試過了，但從來不曾一次全部上場。」

這次成效太驚人，宛如魔術；但其實無關魔術，而是科學。這個品牌在大眾腦中出現實體的成長，從只有少數聯想的單一驅動力，變成有眾多聯想的多重驅動力，顯著性隨之增加。在歷經數十年的衰退後，掀起新一波的成長浪潮。

這種「多重」的概念不僅是為了廣度，也和意義與知識有關。多個驅動力帶來更高的顧客轉換率，因為我們愈認識一個品牌，大腦的連結也多。舉例來說，相較於一無所知，如果你知道品牌創辦人的故事，或是所謂的背景故事，你會成為更為忠實的顧客。

很不幸，企業通常會忽視自家的過往與傳承，認為那是老派的做法，或是會讓品牌顯得過時。然而，雖然創辦人的故事只

06　多層次勝過單一焦點　　159

是一層訊息，但只要再加上其他訊息助陣，就有可能發揮神奇的效果。不只前述的運動鞋品牌是如此，其他許多的例子也一樣，而且公司的歷史不一定要源遠流長。

以加州的喬許酒莊（Josh Cellars）為例，這間葡萄酒公司2007年才成立，創辦人喬·卡爾（Joe Carr）是侍酒師與釀酒人，擔任過葡萄酒高階主管；2009年，他還只是開著卡車，一箱箱兜售喬許酒莊的產品。在加州釀酒，必須面對傳統市場的嚴苛競爭，畢竟加州第一代的葡萄園酒莊已有數百年歷史。不過，卡爾也有自家的歷史，他打算講述父親的故事，酒也以父親的名字命名。

雖然卡爾賣的是新酒，但他把勤奮工作、注重細節與充滿熱情等傳統精神注入品牌；他說，這些特質是從他父親那裡傳承而來的。卡爾在行銷時述說的創辦人故事，依據的是父親喬許身為工匠與愛家男人的經歷。他在呈現品牌的歷史沿革時，甚至從父親喬許出生說起，並強調他待過軍隊、他的婚姻，以及他在紐約州北部的家鄉柏林當過伐木工人與消防隊志工。

請注意，他在行銷時談的是釀酒師的父親，甚至不是講釀酒師本人。此外，坦白講，這則故事與卡爾釀出的酒毫無關聯，但品牌因此借用了家族、努力不懈、甚至是美國夢的聯想。

雖然有些葡萄酒行家對這個品牌嗤之以鼻，但市場反應卻是另一幅景象。喬許酒莊在2018至2023年間，出現無與倫比的兩位數成長。2014年僅售出30萬箱酒；到了2018年，則超過200萬箱。那2023年呢？一年就賣了500萬箱。喬許酒莊如今是美國高級餐酒類別的冠軍品牌，公司史與創辦人的故事都有滿滿的傳統。

不過,光有歷史還不夠。只替品牌想出一個大概念的話,那個大概念會埋沒在大腦裡,變成一條孤單的道路,人跡罕至,無法通往腦中的重要聯想與回憶。在大概念之外,再堆疊多個訊息,才能帶來活躍的正面聯想生態系,讓大腦徜徉其中。

你可以把每一個關鍵訊息,想像成車子的一個檔,例如一檔是「你的品牌提供目標受眾哪些好處」,二檔是「你的產品或服務如何帶來那些好處」,三檔則是「這個品牌率先帶來哪些進步或創新」。當每個檔都連在一起運轉時,就能替品牌的引擎帶來動力。每個檔都必須相互配合,要不然哪都去不了。一起發揮作用,才能成為未來歲月的成長引擎。

多重訊息的實戰方法

多重訊息能說出引人入勝的故事,使消費者彷彿變成其中的人物,成為故事與品牌的一部份。不過,大部份的廣告客戶與他們找的廣告公司,目前不是那樣做事。如果你提倡公關要採取多重訊息的做法,那就等著被拒絕。許多人會告訴你,不可能把好幾個訊息全塞進同一個創意企劃;他們總是在作區隔化處理。你要是告訴廣告公司,研究顯示你家的品牌有三個商業驅動力,那麼廣告公司將採取傳統做法,拆分三個驅動力,各自投放在不同的媒體上。

舉例來說,廣告公司有可能在電視廣告上,主打產品或消費者能獲得的好處;數位廣告則強調為什麼這間公司值得信賴;

公司官網則放上使命。然而,那樣行不通。大腦無法把分散在各處的資訊,統整成前後一致又好懂的品牌故事。

某知名麥片品牌多年來一直嘗試尋找**最佳**定位,他們的訊息變來變去,有時強調口味、有時強調健康、有時強調全天然,然後又回到口味。忙了半天,徒勞無功。後來他們把三項特質結合在一起,一次廣告「好吃」、「健康」與「低加工食品」,才終於再度成長。

每一個主題或每一層的訊息,全都該被視為轉換成長目標客群的潛在驅動力,也因此全部都重要。決定要專注於哪一個的時候,先從三層或四層起步,例如想像你是小家具行的老闆,販售方圓五十里的工匠手工製品。傳統行銷模型會說,你應該強打「地方工藝品」這個訊息就好。然而,消費者或許也需要知道,他們能買到漂亮的家具,好讓家裡看起來更時髦、更吸引人。就這樣,你有了數個能刺激人們選你的訊息,得以達成僅強調地方工藝做不到的程度。

或者,如果你開咖啡廳,可以同時強調你家的咖啡都有公平貿易認證、店內的專業咖啡師令人感到賓至如歸,而且你還贊助附近的足球隊與棒球隊。這樣一來,你就有咖啡專業、使命與社群等訊息。請注意,這些訊息並未彼此矛盾,反而相輔相成,能一起擴大品牌連接組。

一旦選好要傳達的訊息,你必須讓訊息發揮作用。此時別忘了成長觸發點。如果你有數個正確的提示或DBA,那麼幾秒內就能傳遞相關的訊息,不一定需要用60秒的廣告強調新鮮、天然與成熟的風味。大腦會自行腦補,此時類別與品牌觸發點都會起作用。

前文提過，雖然有的成長觸發點每家業者都能用，但最好讓那個觸發點專屬於**你的**品牌。舉個例子來講，適樂膚的廣告用波浪象徵光滑的皮膚，但任何的護膚品牌都能這麼做。然而，如果用藍色和白色（適樂膚調色盤上的主要顏色）呈現波浪，並從適樂膚的乳霜瓶子發散出去，連結至神經醯胺技術與光滑的肌膚，那麼波浪這下子便專屬於適樂膚的品牌了。當波浪起伏在光潔的皮膚上，大腦會處理保濕（水）、健康內含的意義。如同廣告展示了適樂膚的產品如何進入皮膚，進而傳遞出產品的功效，波浪的訊息也能滲進消費者的記憶結構。

同樣的，重點還是讓受眾的大腦沉浸於你的品牌故事之中。一個實用的例子是線上旅遊公司智遊網（Expedia）旗下的Vrbo。Vrbo最初的名稱是「屋主的假期出租」（vacation rentals by owner）平台，在全球最如詩如畫的地點提供民宿。不過，Vrbo讓美麗民宿的訊息結合其他的聯想，包括親朋好友、度假與遠離塵囂。當幾個訊息混合之後，就成為大家都渴望的完美假期——你和你的大腦將成為品牌敘事的核心。

你會沉浸其中，想像自己人在那裡，身邊是你愛的人，不必在乎塵世的煩惱，在美麗的環境中享受彼此的陪伴。Vrbo還強調不同於Airbnb或一般旅館，你租到的是「貨真價實的度假屋」，整間屋子只有你和親友，大廳裡不會有「不認識的人」。

如果Vrbo只專注於其中一個訊息，大腦就不會接收到完整的故事。雖然親友齊聚一堂很好，但如果住宿是通風不良的一床公寓，沒多少設施，又位於市區內的擁擠地帶，那麼不會有太多人想住。因此，Vrbo運用三個關鍵主題，讓人直覺偏好這個品牌：青山綠水裡的美麗房屋、親朋好友，以及你人在那的時候，完全屬於你的空間。

此外，Vrbo示範如何透過多重的媒介或感官，描述多重的訊息。Vrbo的廣告不用對話或文案來講述房子、景色有多美，而是秀給你看。照片勝過千言萬語。

打造個人品牌時，堆疊的原則是一樣的。如果只提供一個關於你的「訊息」，你這個人會顯得無趣。想一想，如果有人每次晚上聚餐，一遍又一遍講著同樣的故事，一陣子後，就很容易讓人失去興趣，你的大腦會開始走神。這也是為什麼履歷不能只說你的技能匹配某個職位，也要用一些統計數字展示你的成績、教育背景、你做過的志工工作，以及個人嗜好與其他細節。雇主想要雇用全面的人，除了能完成工作，整體而言也要對團隊有所加分。

在求職面試時，堆疊訊息尤其有用。你可以把優點、技能與迄今的成績想成是你個人品牌的專業，而你能如何幫到公司，則是你帶來的效益，至於你了解這間公司在做什麼、你對這些事充滿熱忱，則可以想成是你的品牌價值觀，例如團隊合作或對職業道德的堅持。

此外，你有背景故事，也就是你之所以成為你、讓你走到今天的獨特經歷。雖然你在每一場面試中說的故事，內容可以大同小異，但請務必替你應徵的每一個機會量身剪裁。如同品牌需要符合消費者記憶中的事物，才能成為消費者的首選，應徵者的種種特質，也必須符合獵頭或招募經理腦中的理想員工。如果相符，你會得到工作。

同樣的道理，和品牌溝通一樣，你不能只是**告訴**別人：我充滿愛心、頭腦聰明、幽默風趣，你得分享傳達出那些特質的故事，面試官才會自行得出結論，你這個人的確充滿愛心、頭腦聰明、幽默風趣。

值得留意的是，研究顯示70%的雇主，把「應徵者的性格」列為前三重要的雇用因素，至於外表僅佔7%，學歷則是18%。由於大腦憑著直覺做事，也難怪在面試過程中，無形的因素扮演了很重要的角色，畢竟對面問你問題的那個人，也只是凡人。他的大腦運作方式和其他人都一樣，有如消費者正在挑選產品。

這裡的「性格」是統稱。雇主用這個詞彙來形容，他們直覺感到面前的應徵者是否符合自己腦中的理想人選。雇主真的有判斷你的性格嗎？其實沒有。如果雇主喜歡你的「性格」，那麼意思是依據你傳遞的訊息來看，應徵者與雇主雙方的連接組一拍即合。

請記住：**你就是一個品牌**，而所有的訊息提示加在一起，就變成你的品牌連接組，會共同創造出多重的內隱聯想，提升你的品牌觀感，使得面試官直覺上與你相連，進而把你從「不雇用」的欄位移到「首選」名單。

＊　＊　＊

對於一直被教導打造品牌時，只能使用單一訊息的產業來講，多重訊息聽起來絕對是異端邪說。有一群人遵循傳統的行銷手法、死守意識行銷的舊規則,如果你和任何一位這樣的人談,他們八成會大力制止,告訴你不能在一則廣告裡塞進不只一個訊息(其實沒這種事),而且大腦一次處理不了一個以上的訊息(正好相反,大腦要有豐富的訊息才會動起來)。他們還會說,這麼做會失焦,也欠缺章法(就算有多個訊息,也絕對能聚焦並帶來好處)。

然而,退一步想,要是實體的地球沒有分層,那會發生什麼事?不複雜的文化,會是什麼文化?還有,沒有人物、主次情節與懸念的故事,又算什麼故事?如果所有人都一模一樣,這個世界會是什麼樣子?

人類有很多面向,而你傳遞給他們的訊息也理應如此。從某些角度來講,事情就是這麼簡單。你與人們在多重層面上連結,基本上就是在貼近人類的特性,讓他們的大腦亮起你的連接組。只要你盡量塞滿消費者的神經路徑,你的品牌將能觸及消費者大腦的每個角落,不僅把自己連結至正面的聯想,同時也創造新的聯想。相反的,只有一條路徑,就是死路一條。

07

潛意識渴求不切實際的幻想

直覺規則：人們會說他們想要合乎現實，但他們總是憑著直覺選擇美夢。

請想像一頓美好的感恩節晚餐。你的腦海可能浮現剛出爐的烤火雞，香味四溢、妝點擺盤，端上餐桌。你身旁圍繞著親朋好友，大家在假期裡返家，人人誇讚外皮烤到金黃酥脆的火雞，「哇」、「啊」的讚嘆聲此起彼落。你環顧四周，看著自己心愛的人，他們的臉上堆滿笑容，而你感到被家庭的溫暖所包圍，心中滿懷感激。這一幕已經深深烙印在你的記憶裡。

不過，你八成不會想起切開後吃剩的火雞殘骸，它被遺忘在廚房流理台太久，油脂開始凝固，而家裡的狗正在一旁虎視眈眈；你也不會記得當叔叔再次調侃，你媽做的玉米麵包乾到令人食不下嚥，現場爆發的衝突，因為不論實際上發生什麼事，你的大腦會儲存理想版的回憶。

醜陋、混亂、討厭的事實，人們不想要那樣的回憶，然而，許多打廣告的業者還以為那就是消費者想要的──真相。真是大錯特錯。我們的潛意識腦渴望**幻想**，因此，你的大腦會儲存火雞剛出爐的記憶，以及見到親朋好友的喜悅，但不會記得後面狗狗把剩下的火雞啃個一乾二淨，還有老媽大發雷霆。

我們最美好的幻想與最深的渴望，全來自潛意識腦，也就是記憶儲存的地方。品牌的成功之道，不會是誇大現實，而是必須符合人們的幻想。當你的品牌運用了正面的聯想，就能乘著人們的幻想神經路徑，在腦中與他們連結在一起。幻想的內容或許是幸福健康、在超級遊艇上享受退休生活、人緣好，或是有辦法在籃球場上痛宰對手。

所有的產業全都建立在幻想上。以香水產業來講，最好的例子是露華濃（Revlon）在1970年代的查理（Charlie）香水廣告。從許多方面來看，查理香水率先呈現現代人的幻想。在1973年推出時，全年銷售額衝至1,000萬美元，創下當時史上最高的香水上市紀錄。

查理香水的廣告找來女演員雪莉・海克（Shelley Hack），扮演時髦、獨立、自信、魅力十足的女性。在其中一支廣告，雪莉扮演的「查理」開著白色的勞斯萊斯，風馳電掣抵達一間高雅的餐廳。她噴了噴香水，跳下車，身上穿著閃亮的金色連身褲，與車子相當搭調。查理輕快的經過吧台，歌手鮑比・蕭特（Bobby Short）唱著：「有點年輕，有點時尚……有點自由，有點『哇』！」查理和約會對象一路轉著圈，一屁股坐進私人雅座，甩甩頭髮。

在另一支廣告中，查理開著小船，抵達豪華遊艇上的派對，船上熱熱鬧鬧。這次查理穿著黑色亮片西裝外套，搭配黑長褲，她轉過頭，進入又一間忙碌的餐廳，這次是歌手梅爾・托美（Mel Tormé）唱著慵懶的查理廣告曲。查理在脖子上噴了香水，從人群裡脫穎而出，成為眾所矚目的焦點。

查理廣告在當時捕捉到1970年代許多女性的幻想：光鮮亮麗、活力四射、能幹又獨立的女性——新一代幻想自己能充滿力量、性感時髦。查理被包裝成「最做自己的香水」，多年來都銷售第一。

此外，查理還在香水銷售的重大轉型期扮演關鍵的角色。在1973年查理香水上市前，大部份的香水在節日售出，一般是男性買來送給妻子或伴侶的禮物。然而，露華濃的查理不向男性推銷幻想，直接瞄準女性，因此一年之中的任何時候都適合購買。今日有的觀眾或許會覺得那些廣告很老套，但查理女性自信的大步邁過房間、穿梭於平面廣告的著名影像，已成為「女性解放」的同義詞。

汽車顯然是另一個建立於幻想之上的產業，只要看賓士就知道。賓士2013年的CLA車款廣告，讓觀眾的大腦沉浸於幻想——尤其是男性觀眾。那支簡短的廣告有演員威廉・達佛（Willem Dafoe）精湛的演出，他以邪惡的扮相飾演撒旦，誘惑個想買車的年輕人，要他出賣靈魂，交換一台全新的CLA。

惡魔召喚出各種景象，讓年輕人看到，只要簽下契約，他的未來將是整晚與R&B歌手亞瑟小子大開派對，並挽著名模凱特・阿普頓（Kate Upton）走在紅毯上；他的臉會登上各大雜誌的封面，瘋狂的女粉絲則追著他跑過大街小巷，好像他是搖滾明星一樣。這支廣告簡明扼要的點出了男性的跑車幻想。

觀眾是否真的相信只要買了這台豪華汽車，就能過上紙醉金迷的日子，其實並不重要；從賓士在受眾腦中植入聯想的那一刻起，那些黏著性很強的聯想將永遠與CLA連在一起。更棒的是，在廣告的尾聲，男子意識到自己根本不必出賣靈魂，也能享有一切——原來CLA的價格還滿合理的。在那一刻，幻想有可能成真。這支廣告和查理香水一樣閃閃發光、唯我獨尊，只不過經過重新包裝，讓新版本更適合當代的新受眾。

當然，時尚產業也一樣。我們穿的衣服向世人說出我們是誰，或至少傳遞出我們希望別人如何看待我們。最成功的品牌懂這點。舉例來說，今日最有價值的時尚品牌包括LV（323億美元）、愛馬仕（183億美元）、GUCCI（182億美元），這些品牌和化妝品、汽車都很類似，每一個都在受眾心中建立了某種產生連結的幻想。

例如GUCCI代表不拘一格與高級，連結至想真正做自己的渴望，但也同時迷人又令人嚮往。GUCCI香水系列的罪愛香水（Guilty）廣告是好例子。廣告裡，演員艾略特‧佩吉（Elliot Pag）、女演員茱莉亞‧加納（Julia Garner）、饒舌歌手與製作人速可達硬漢（A$AP Rocky），三人度過放蕩又浪漫的一晚。

化妝品、豪車與設計師時尚品牌販售美夢，不讓人意外，傳統的行銷人員甚至會告訴你，它們屬於「幻想類別」（fantasy category）。然而，不同於普遍的認知，販售幻想的產業其實不僅僅是這幾個。幻想幾乎帶動著**所有的**大品牌，主打我們想要更好的自我的欲望，並在所有產品類別建立直覺的品牌偏好。不論是Bounty牌紙巾能「快狠準」神奇吸收所有濺出的髒污，或是乾癬藥物Otezla能讓你自信露出手臂，全都一樣。不論是紙巾與清潔用品、健康照護與藥物、社會公益與募款，或是競選活動——幻想勝過一切。

然而，人們不是那麼說的。人們**每次都說**他們想要真實的東西。「我要看到長得像我的人，要跟現實生活中的人一樣。身材不完美、家裡有點亂、孩子不聽話，就跟我一樣。」不過，那是意識腦在說話。前文提過，我們說的話與我們做的事，完全是兩碼子事。

即便如此，傳統的行銷人員與廣告公司的創意人員，仍試著滿足這些號稱想要真實的欲望，畢竟他們很認真聆聽消費者說話。然而，如果你還真的把現實奉送給消費者，那麼實際結果恐怕會不太妙。

不論是電視廣告、社群媒體廣告或數位廣告，市場上持續表現最佳的創意內容，全都與近乎遙不可及的完美有關：整潔體面的一家人在戶外露台上用餐，頭頂是幾盞復古的燈泡；典雅的房子有如居家雜誌《美好家園》（*Better Homes and Gardens*）的場景；俊男美女走下跑車，和朋友夜遊；父子即興玩起美式足球，大笑跌坐在地。這些影像深深刻在我們的腦海裡，因為不論我們是否自覺，所有人都受到幻想影響。我們無法自拔——大腦渴望幻想中的情境。

幻想能讓大腦動起來

　　幻想和多層次訊息一樣，帶來高的大腦利用率。幻想讓我們的大腦亮起，動用多個大腦區域，連結至儲存於記憶裡的理想化概念與影像。在這個過程中，幻想利用我們的正面聯想，抓著我們的注意力，讓我們隔絕於外頭的世界。這種情形就像你困在早該結束的會議，大腦開始神遊，幻想著接下來的週末要做什麼。你太專注於那個完美的週末，過了好一會兒，同事悄悄用手肘推你，你才發現老闆在問話，而你一直沒回答。

　　幻想是指大腦想出原創的虛構故事，內容與我們未來的目標與夢想有關。幻想建立在許多大腦網絡之上，其中涉及海馬迴，這個部位對記憶、學習與情緒來說，扮演著重要的角色。但還不止於此，幻想也必須動用大腦的其他區域，編碼、提取記憶，並產生前後一致的複雜情境、調控我們的情緒。

　　換句話說，幻想需要進行大量的大腦活動，因此能掌控心智一段時間，把其他每一件事隔絕在外。幻想會動用五感，完整吸引我們的注意力，讓我們在腦中安全的提取、發展敘事——有可能或不可能成真的敘事。

　　此外，幻想是共通的。每個人的確切目標或許不一樣，但一大群人的幻想是**一樣的**。不管是嚮往大聯盟的業餘運動員，或是每兩個禮拜在週末臨時找人打球的中年人，你都會想要贏。不管想像中的場景是峇里島海灘，或是輕鬆待在家裡，每個人不管來自什麼背景，總希望退休時能悠閒享受生活，不必還得煩惱財務問題。此外，也別忘了愛。愛情與親密關係是普世的渴望。

當你投射受眾的理想體驗，不論是什麼，你就建立了品牌的神經連結，連至受眾記憶裡的幻想。如同連結熟悉感而非獨特性，或是連結人們成長過程中，對母親使用的品牌的懷舊記憶，當你符合受眾心底深處的渴望，你就能再次運用現成的正面聯想，壯大品牌連接組。當品牌投射出幻想，大腦不僅會被迷住，還會無視其他事情，也因此能把競爭者擋在外頭。

連結隱藏在內心的渴望

不論是對未來的期望、遠大的目標、改善身材、高品質的家庭時間、富可敵國、健康的環境，或只是睡一晚好覺，幻想會隨著我們最想要的東西而變化。幻想代表我們渴望達成的理想狀態，或是我們希望擁有的理想體驗；幻想讓品牌在潛意識的層面連結消費者。當你找到目標受眾共同的幻想，他們的大腦會和你的品牌一拍即合，被美夢能成真的承諾迷住。

以Zillow為例，這個可以找房子的平台讓消費者著迷。就連不是真的打算搬家的人，也喜歡瀏覽上頭登載的房屋，定期查看自己負擔不起的房子。在2021年的民調，1,000名受訪者中，55%表示**每天**會瀏覽Zillow一至四小時。另外，80%的人一星期至少幻想一次住在這個網站刊登的房子裡。同一份調查顯示，49%的受訪者寧願把時間花在含情脈脈看著Zillow上的房子，也沒興趣做愛。Zillow符合數億造訪者心中升級版的自己——他們**想當**那樣的人、**想過**那樣生活。人們想把自己住的地方想像成城堡，而不是狹窄的一房公寓，或是堆滿多年累積的雜物而亂成一團的房子。

居家改造的電視節目一直很熱門是有原因的。HGTV居家樂活頻道是收視率第九高的電視台，9,500萬美國家庭每月都收看。相關節目成功推銷的幻想，甚至開始支配民眾買賣、裝修房子的方式，這種現象被稱為「HGTV效應」(HGTV effect)。研究顯示，屋主甚至會捨棄自己的品味，確保房子長得像他們在電視與《美好家園》等雜誌上看到的那樣。

夢幻體育（Fantasy Sports）在美國是接近95億美元的產業，其運作方式也一樣。職業運動世界的成員是一群菁英，大部份的人一輩子就算做了最瘋狂的夢，也不可能成為他們的一員。然而，夢幻體育讓我們得以圓夢，即便只是虛擬的。

我們挑選球員，組成我們的「球隊」，他們在真實世界的成功，影響著我們的幻想分數和統計數據。我們與這些職業球員連結時，幻想在大腦裡蔓延開來，我們扮演起教練、球隊老闆與總管。此時，幻想不僅是產業行銷與公關的一環，它本身就是被販售的產品。光是在美國一地，就有超過5,000萬人玩夢幻體育，其中33%是女性。玩家太渴望能一圓兒時夢想，使這個產業每年持續成長。

然而，意識派的行銷人員與廣告創意人士認為，消費者要的是真正能得到的產品、服務與品牌訊息——而不是存在於夢幻世界的。這一派的人不想用似乎太遙不可及、太光彩奪目的東西，嚇跑潛在的買家，例如他們會主張柯爾等廉價百貨公司，應該要傳遞東西很便宜的訊息，展示那種滿街都是、一般人平時會穿的衣服。然而，看看柯爾百貨的下場就知道，那種商業模式行不通。民眾想要魚與熊掌兼得，既要名人穿的那種讓人渴望的高級服飾,也要不必花那麼多錢便能得到。塔吉特百貨等承諾物美價廉的公司,因而年營收超過1,000億美元。

今日不管是哪個所得水準的消費者,其知識的豐富程度都是有史以來之最。他們能接觸到許多訊息,相當清楚時尚、品質與匠人工藝應該長什麼樣子。大眾知道名人穿的設計師品牌叫什麼名字,還會關注特定的細節,例如設計師服飾與鞋子的精緻縫線,並欣賞手錶的精準計時碼錶。塔吉特同時專注於品質與時尚,讓那些幻想變得伸手可及。

對比幻想與現實

就連你認為與幻想扯不上邊的時刻,只要挖深一點,也會發現幻想永遠勝過現實。此外,兩者並呈時有可能威力強大。二十年前,只有一小群特定的人關心氣候變遷——他們基本上是「抱樹者」(tree hugger)[*]與綠色和平組織(Greenpeace)的人員。然而,2006年時,同意「全球暖化的嚴重性被普遍低估」的百分比,達到史上新高的38%,而且有43%的人「非常」擔心環境。大眾突然這麼關心,有一部份和一個重大事件有關——不是海嘯,不是地震,也不是乾旱,而是一部最終會被成千上萬人觀看的電影。

2006年上映的《不願面對的真相》(An Inconvenient Truth),以美國前副總統高爾(Al Gore)為主角,叫好又叫座,不僅拿下奧斯卡最佳紀錄片獎,總票房還逼近5,000萬美

---

[*] 譯注:藉由抱住樹木不放來表達決心的環保人士。

元。某研究探討這部電影造成的影響:「研究與數據顯示,不同於先前的其他做法或事件,這部電影是轉折點,改變了美國人的想法與行動,使大家更加意識到暖化的氣候。」然而,看紀錄片的人向來不多,《不願面對的真相》怎麼可能如此受歡迎,甚至掀起主流的環保運動?

這就是幻想的力量。其他的氣候倡議者,多年間提供研究、資料、事實與數字,但這些全是瞄準意識腦,也因此在改變人們大腦與影響決策等方面收效甚微。高爾的電影之所以有效,源自他呈現了理想中的大自然:一個曾經接近伊甸園的世界。那是我們內心的渴望。高爾暗示我們能重返那個世界,而且勢在必行。他找了全球最經典、最知名的大自然寶藏,透過各種壯觀的影像,投射出宛如伊甸園的幻想,再用鮮明的對比,映照幻想與現實。

「對比」有如大腦的類固醇。某義大利麵醬品牌曾把兩瓶醬汁擺在一起,其中一瓶的木湯匙能直挺挺的插在正中央(上面標示著這個品牌的名稱),旁邊那瓶(標示「他牌義大利醬」)的湯匙則倒下。此時立刻讓觀眾生出幻想:由於對照了競爭對手稀薄如水的次級產品,打廣告的那種番茄醬明顯更濃稠。

高爾的電影用空拍照呈現阿爾卑斯山、秘魯、阿根廷、吉力馬札羅山、巴塔哥尼亞的冰河與凍原,接著又給觀眾看冰霜是如何隨著時間消失,進而達成和對照兩瓶義大利麵醬相同的效果。原本有著無垠冰雪的照片,變成光禿禿的棕色地面。觀眾不需要用意識思考發生了什麼事,直覺就知道這場危機的嚴重性。高爾如果只呈現幻想,或只呈現真實情形,大腦就不會抓到他想表達的意思，效果也不會那麼好。

如同雪山的例子，冰河是幻想的成長觸發點：那些自然形成的壯觀景物體現了純淨、新鮮空氣、大自然之美與潔淨。看到這一切在眼前消失不見，讓人大受震撼。類似的手法還有高爾用網格呈現多彩多姿的動物，每消失一個格子，就是以視覺的方式象徵那個物種數量減少，最終滅絕。

此外，片中有一隻像是直接從皮克斯動畫裡走出來的北極熊，那隻熊游啊游的，終於抓到一小塊冰，但那塊冰不斷愈碎愈小。那個畫面是負面的成長觸發點——用一劑現實震撼觀眾，重重衝擊他們的氣候變遷連接組。此處的幻想是：孤零零的一塊碎冰，能回到從前的結實冰河、回到氣候變遷之前，重返榮耀。

給人們看從前與現在的差距，能激起保護大自然世界的欲望。此時的幻想是純淨的空氣、乾淨的天空、健康的生活，以及未被污染的美景，使大眾願意加入一起努力。

不過，當我們不再持續強化幻想，大腦利用度就不會維持在相同的水準，也就是說，記憶會開始模糊，失去心佔率。大腦利用度減少，進展也會減少，導致成長暫停甚至完全終止。美國對氣候的關注至少從2016年起便停滯，由此可以看出這種逐漸消退的效應。

雖然超過七成的美國民眾相信，全球暖化真有其事，但並未如同理論上的那樣，轉換成對這件事的關注。蓋洛普（Gallup）民調發現，僅43%的美國人「高度擔心」今日的全球暖化（數字和2006年一樣），而且自2016年後，每一年的看法都差不多。（2022年的皮尤研究中心〔Pew Research Center〕數據顯示，只有54%的美國成人認為，氣候變遷是重大的國家威脅。）

氣候變遷運動自從不再對照「能做到什麼的美好幻想」和「人類已經失去哪些東西的現實」之後，似乎失去了動能。倡議者並未接續高爾證實有效的公式，改成指稱氣候變遷是生存危機，把它描述成幾乎是無從避免。

以年輕的行動主義者葛莉塔（Greta Thunberg）為例，她在一戰成名的2019年聯合國演講上，幾乎止不住眼淚，情緒激動的指責在場的聯合國成員，也間接指控坐在家裡的觀眾：「你們用空洞的話，偷走我的夢想與我的童年⋯⋯我們處於大規模滅絕的開端，但你們滿口都是錢、錢、錢，講著經濟永續成長的童話故事。你們怎麼能這樣！」葛莉塔顯然十分憤怒，但接著她轉而開始列舉各種事實與數字。

葛莉塔的確有很多可以感到沮喪的事，她的演講也上了頭條。然而，這場演講描繪險峻的現實，屬於典型的意識型說服。這種對抗的手法不僅比較不可能引發共鳴，還會讓人心生反感。這場演講傳遞的訊息看不到希望，沒有大家能一起努力的事，也沒有提到如何拯救世界、讓環境達到理想的境界，因此最終並未帶來改變行為的理想效果。

研究顯示，「葛莉塔效應」讓原本就關心氣候的年輕人感到個人的行動能帶來不同，這點值得敬佩。然而，問題出在葛莉塔是在對既有的顧客說話。她的演說看來並未改變氣候變遷的敘事，也沒能讓反對者轉而支持這場運動。

不管傳統的行銷原則怎麼說，我們其實不要現實，而是要幻想——以這個例子來講，幻想的內容是乾淨的未來。葛莉塔與這場環保運動如果要能成功前進，就必須運用人們共通的渴望與欲望，而不是譴責大眾。

大腦首選，市場龍頭

每一個市場類別各自有主要的幻想。戶外類別是冒險、興奮、沉思、與大自然連結；護膚類別是完美肌膚、反映出內在健康幸福的外在訊號；家居用品與家具類別是漂亮舒服的夢幻住家；運動飲料則是無與倫比的表現。政治與社會公益也有幻想主軸，例如安全、乾淨的街道、買得起房子、有辦法成家，或是人人獲得平等待遇的世界。任何的品牌都能利用受眾的渴望和欲望，連結潛意識層面的幻想，但在每個類別下，獨佔幻想的品牌將能成為龍頭。

一旦能獨佔類別幻想，就建立了進入障礙（barrier to entry）。如果能穩穩獨佔，這個類別將由你定義，你建立的品牌與幻想之間的連結，會超越其他廠商。這就好像一個類別下的所有競爭者，全都努力登山、想辦法攻頂，但只有一個品牌能穩坐山頭，擊退其他品牌，讓它們摔下陡坡。獨佔幻想的品牌會讓人第一個想起，而當你是第一個被想到的，你會成為市場龍頭，而且通常享有持久的直覺優勢。

舉例來說，開特力自1965年上市以來，就是運動飲料類別的龍頭，2023年的年銷售額達到62億5千萬美元，幾乎是對手BodyArmor（16億5千萬美元）的四倍、Powerade（12億6千萬美元)的五倍。開特力的確是市場上第一種運動飲料,但開特力能一直這麼成功,原因在於推廣無敵表現的幻想。

1980年代至1990年代之間,開特力找名人麥可‧喬丹(Michael Jordan)當代言人。廣告裡的喬丹,毛孔滲出螢光橘的水珠,象徵著過人的運動能力、被開特力點燃的內在動力。開特力獨佔這個幻想後,在受眾腦中具有實體的優勢。不過,你不必是進入市場的第一人,也能搶佔幻想;你只需要意識到你所屬的類別有什麼幻想,並連結至你的品牌。

舉例來說,福爵(Folgers)咖啡在1984年推出新一波廣告,就此成為廣告圈與行銷史的傳奇,還帶來最有效的DBA:福爵的經典口號配上廣告歌曲〈醒來最美好的事,就是杯中有福爵咖啡〉(The best part of waking up is Folgers in your cup,如果你聽過這首歌,你在讀到這些文字的時候,腦海會忍不住浮現音樂)。

在1970年代與1980年代早期,福爵與麥斯威爾(Maxwell House)是全美最大的兩個咖啡品牌,市佔率不相上下,盲品測試的表現也一樣,在市場上不分伯仲。兩家都是歷史悠久的公司,福爵1850年代就在當時的加州掏金熱中服務礦工;麥斯威爾則晚了四十年,1892年在納什維爾(Nashville)成立,公司的名字致敬創辦人的第一個顧客「麥斯威爾之家飯店」(Maxwell House Hotel)。

然而,「醒來最美好的事」的廣告一出,福爵立刻超越麥斯威爾,短短幾年間成為美國第一的咖啡品牌。為什麼會這樣?因為新廣告讓完美早晨的幻想專屬於福爵。信不信由你,但先前沒有任何咖啡公司關注一天中的那段關鍵時刻。在福爵的新廣告出來前，咖啡公司擔心如果只廣告晨間時光，等於把雞蛋放在同一個籃子裡，錯過人們也想來杯熱咖啡的其他時段與場合，例如下午三點喝咖啡提神，或是晚餐後來一杯。觸發點公司的品牌策略師兼總經理席瑪克，一針見血點出當年的咖啡公司沒明白的事：「你行銷的東西，與你販售的東西是兩回事。」福爵或許賣的是咖啡，但他們行銷遠遠不止於咖啡的東西。

恆美廣告（DDB Needham）負責福爵廣告案的創意團隊，在發想廣告時不斷碰壁。創意總監檢視團隊一個又一個的點子，每次都搖頭。又一次駁回後，他走進團隊的辦公室，指著地上的一疊草稿問：「那是什麼？」文案人員回答沒什麼，大都是被放棄的點子，準備拿去丟。不過，有個東西吸引了創意總監的目光。他要團隊解說那個廣告點子：有一個人聞著杯裡的咖啡——**而不是喝**。他眼睛閉著，臉上浮現笑容，吸入咖啡的濃郁香氣。

創意總監**覺得**這個點子有搞頭：一個被浪漫化的時刻，在那一刻，喝咖啡的人展開新的一天，充滿著可能性，但不是因為咖啡含的咖啡因而昇華，而是咖啡的香氣。對大腦來說，香氣是高級感受的代號——是咖啡類別最有力的成長觸發點。

很快就沒有人擔心下午或晚上喝咖啡的消費者會流失。福爵發現早晨第一杯神奇咖啡的幻想，是顧客**隨時**都想要的，不會因為廣告講的是早上，人們在一天中的其他時刻就不選福爵。早上的第一杯咖啡是一種「折磨考驗」（torture test），那可說是最重要的一杯。畢竟，起床後來一杯爛咖啡，可是會毀掉你的一整天。

　　早晨幻想的力量擴充了福爵的連接組,非但沒有侷限其飲用方式,還讓品牌在一天中的任何時刻都是首選。福爵的市佔率一飛沖天,持續享有「豐富的滋味與香氣」(人們眼中的認知vs.實際情形)這項重要的直覺優勢,讓麥斯威爾相形失色。福爵建立起進入障礙,往後多年擋住了其他的咖啡品牌。

找名人和網紅加持的利弊

　　幻想與名人密切相關。不論是網路人物或新聞人物、職業運動員、受歡迎的演員與音樂人、成功的創業家,或是任何代表文化時代精神的人士,如果方法對了,他們會是有效的成長觸發點。名人是一種「影響力人士」(influencer),其他類型的影響力人士也可能左右你的決定,例如:各種社群平台上的領袖;總是搶先其他人站出來、充滿魅力的同事;看起來很酷、生活似乎令人羨慕的鄰居;或是腹肌練得很棒的健身房朋友。只不過這些影響力人士帶來的幻想威力,不如名人強大。

　　品牌在傳遞訊息與行銷時,如果請到人人認識人人愛的名人,品牌便能連結受眾的潛意識,因為我們直覺相信名人過著美好的生活。他們有錢、參加更高級的派對、與其他的重要人士密切來往、與總統會面、到處都有房子、奢華的度假。這些人在社會上有崇高的地位,我們仰望他們,視之為偶像。較為憤世嫉俗的人可能會否認,但不管是誰都有仰慕的名人 —— 大腦就是這樣運轉的。

人類在演化史上一直是這樣──我們天生會仰望最有名望的人。哈佛大學的人類演化生物學教授約瑟夫・亨里奇（Joseph Henrich）、政治人類學家佛朗西斯科・荷西・吉爾–懷特（Francisco Jose Gil-White）指出，天擇偏好的人，有能力模仿四周成功人士的行為，這也包括迎合對方、盡量找機會互動。漸漸的，人類分布到世界各地，影響圈愈來愈大，但這個欲望仍然存在，變成一種直覺的偏好。我們會模仿、尊敬整個社會中最受歡迎的人。

只要看歌手泰勒絲（Taylor Swift）在2023年引發的狂熱，就能看到最有意思的名人現象。泰勒絲的時代巡迴演唱會（Eras tour），光賣票便進帳5億9千萬美元，創下史上最高的女藝人巡迴演出總票房記錄。超過350萬人登記預購，甚至因為湧入太多人，造成售票網站Ticketmaster大當機，最終一天就賣出200萬張票。世界各地的歌迷伸長了手，希望感染泰勒絲的魔力，這一切宛如1960年代的披頭四狂熱重現江湖。

泰勒絲的成功，部份要歸功於她強化各「時代」的音樂，既滿足現有粉絲的懷舊激情，也持續讓新歌迷認識她的音樂。不過更重要的是，泰勒絲以特殊的方式管理人氣，讓粉絲能進入她幻夢般的生活，同時她也不諱言自己碰上的人生起伏。大部份的名人會躲避人群，泰勒絲的粉絲則以前所未有的方式，既能仰望她，又能親近她──歌迷感到泰勒絲是朋友，甚至製作友誼手鍊，紀念雙方的深厚情誼。

記住，人們是靠聯想認識品牌。品牌獲得名人背書時，名人的正面聯想被投射到品牌上，讓我們下意識感到相關的產品、服務、投資或理念，必然是好東西。名人的地位會拉抬與他們連結的品牌。

天普大學（Temple University）的教授兼心理學家法蘭克‧法利（Frank Farley）指出，當我們在媒體上認識名流或其他出名的人，我們「通常會透過他們，活出自己的部份生活」。這種現象讓「追星」（starstruck）一詞有了新意義。我們不一定會跑去參觀好萊塢名人的家，但會下意識想要連結他們的地位。法利解釋：「我們全都擁有美夢，想要變有錢、變有名、變快樂、變時髦、具有社會影響力等等，這從小時候聽到童話故事就開始了，始於我們養孩子的方式。」

如果名人提到某個產品、概念或點子，那樣東西因此更可能附著在你的品牌連接組上，因為你已經認識那位名人。名人原本就有大型連接組，品牌則借用他們帶來的現成聯想。隨著名人的連接組與品牌的連接組結合在一起，品牌的顯著性與心佔率隨之提高。

基本上，你是在把兩者黏在一起：你的品牌，以及名人和名人代表的幻想。萊斯特大學（University of Leicester）的研究證實了這樣的「相黏」（gluing）效應。他們先給受試者看女明星珍妮佛‧安妮斯頓（Jennifer Aniston）在艾菲爾鐵塔的影像，並觀察到受試者的特定神經元被激發。接下來，研究人員用兩個影像分別展示安妮斯頓與艾菲爾鐵塔，結果相同的神經元兩次都被激發。在受試者的腦中，艾菲爾鐵塔已經和安妮斯頓緊密結合。受眾的大腦已有實體的安妮斯頓連接組，而且不斷擴充。

安妮斯頓從影三十年，在電影與電視上扮演過眾多角色。

她在情境喜劇《六人行》（*Friends*）扮演的瑞秋尤其深植人心。安妮斯頓是鄰家女孩、美國甜心。當我們看見她和艾惟諾護膚產品或聰明水（Smartwater）連在一起時*，兩個品牌的新訊息被加進了腦中現成的安妮斯頓神經路徑。品牌因此更能留在我們的記憶裡，其連接組也以更快的速度成長。

此外，安妮斯頓到了五十多歲時，外表依然容光煥發，這點絕對也有幫助，讓艾惟諾與聰明水兩個品牌，增加健康、好身材與自信的聯想。相較於單純推出新產品，若能運用知名度高的名人把新資訊或視覺元素加在他們身上，就可以更快、更有效的建立新聯想。

當然，安妮斯頓神經元的概念，也能套用在其他的好萊塢演員、職業運動員、社會名流，以及不斷成長的社群媒體網紅。網紅擄獲了千禧世代與Z世代受眾的心，但一直要到2019年，韋伯字典（Merriam-Webster）才正式把「網紅」這個現代意涵收進「influencer」一詞。

同一年，晨間諮詢市場研究公司（Morning Consult）發現，如果有機會的話，54%的美國年輕受訪者願意成為社群媒體網紅，86%則願意刊登業配文。皮尤研究中心發現，18至29歲的社群媒體使用者中，54%表示網紅影響了自己的購買決定。此外，社群媒體網紅也是一門大事業。依據推估，2002年全球有164億美元花在網紅行銷上。

A咖名人很貴，品牌一年得付他們數百萬美元；相較之

---

* 譯注：安妮斯頓曾擔任兩個品牌的代言人。

下，網紅擁有名人的部份力量，價格卻合理多了。有的網紅名氣沒那麼大，但通常能以專業知識與受眾參與度（audience engagement）彌補。網紅的受眾人數從幾千到上百萬都有可能，不論有多少追蹤者，如果能打中利基受眾，或是連結至特定社群，網紅的聲音能發揮很大的影響力。他們自有一群熱情的追蹤者，對他們的建議極感興趣，能放大他們的聲量。

舉例來說，「千禧教養耳語者」貝琪醫生（"millennial parenting whisperer" Dr. Becky）、化妝師兼美容部落客胡妲・卡坦（Huda Kattan）這樣的網紅或許不到全球知名、家喻戶曉，但他們也各有數百萬忠誠的追隨者。

這兩人並不孤單，還有其他許許多多網紅，各自專注於健康的兒童食譜、木工、皮膚保養、投資等等，更別提還有些網紅宛如社群媒體的大明星，例如義大利的「無語哥」卡班・「卡比」・拉梅（"silent comedian" Khabane "Khaby" Lame），2024年的TikTok關注人數達1億6,150萬，以及舞者查莉・達梅利奧（Charli D'Amelio），她是2022年身價最高的TikTok網紅。當然，在網紅的世界，受眾人數不是最重要的事，重點是受眾的參與度有多高。

受眾如果參與度高，不管網紅推薦什麼，他們全都買單。這樣的1萬個受眾，價值勝過擁有100萬個低參與度的受眾。網紅有如名人背書，只是規模較小、目標更為明確。此外，你不需要在超大型的公司任職或是管理市值數百萬美元的企業，也能雇用這些網紅。如果你是創業者，或是經營小事業，那就花時間了解自家領域的網紅——他們是人們信任、尊敬的聲音。那些網紅或許不是名人,但你的受眾與他們深度連結,能有效的快速拓展你的品牌連接組。

不過請小心,許多品牌過分依賴名人與網紅,反而傷害到事業。如果你太仰賴他們讓品牌留在消費者心中,他們會變成你仰賴的支柱;更糟的是,他們有可能蓋過你的品牌。廣告測試經常顯示,人們記得有名人出現,但不記得他們推銷的品牌。名人應該被用來放大品牌的好處,而不是成為故事本身。如果你的廣告焦點放在名人身上的程度,多過公司或理念的好處與專業技術,那麼消費者永遠不會確切知道你在賣什麼。

此外,萬一你請的名人不紅了怎麼辦?或是受到抵制?品牌如果變得太仰賴某個名人,那麼兩者的連接組會融合在一起,那個名人的任何負面聯想同樣會傷害你的品牌。名人來來去去,當他們消失在公眾視野時,你可不希望你的品牌也跟著消失。

市場研究公司益普索的數據顯示,如果廣告出現品牌形象人物(branded character),則平均而言,其成效優良的可能性會比成效不佳的可能性高出6.01倍;但如果廣告是出現名人,則僅高出2.84倍。換句話說,名人絕對能拉你一把,但名人與品牌的連結,比不上專門替品牌打造的區別化人物(distinctive character)。

除了名人之外,還有其他許許多多的方法,也能打造記憶結構、建立首選品牌的顯著性。DBA不僅僅是人物、顏色與包裝形狀而已。從具有區別度的品牌世界到象徵,這個行銷領域充斥著各種可能性,是有待開發的寶藏。相較於花大錢請名人,許多企業若能打造DBA與成長觸發點,將更能建立持續一致的品牌辨識度。

留心操弄幻想的陷阱

整體而言，幻想是好事。美國精神科醫師艾索·S·帕森（Ethel S. Person）解釋：「我們的確會受幻想鼓舞。幻想有助於設定目標，帶來努力的動機。」不過，我們的幻想也可能被有心人利用。有的人運用幻想的力量，在我們身上施加過大的影響力。如果對方把我們的最佳利益放在心上，那沒問題──有可能發生互惠的交易；然而，當我們的最佳利益沒被放在心上，事情很快便會出差錯。了解幻想的運作原理，有助於我們辨識某件事是否好到不像真的，有上當之嫌。

我們直覺會被名人、名氣吸引，也會關注狼藉的名聲與社交身價，可能因此錯過警訊。即便真相就擺在眼前，英雄崇拜和慾望卻會讓人丟掉常識，什麼都願意做，只為了在那些幻想的美夢之中分一杯羹。我們沒有進一步求證，或是沒做適當的盡職調查，罔顧事實。這叫「馬多夫效應」（Madoff Effect），名字來自惡名昭彰的投資經理馬多夫（Bernie Madoff）與他為期近三十年的龐氏騙局。

馬多夫效應由三個元素組成。第一個元素是名聲極好，很難讓人起疑。馬多夫在數十年的精采職涯中，累積大量的正面聯想，使人覺得他不可能是壞人。馬多夫起初在1960年代加入金融業，開始與紐約市和佛羅里達棕櫚灘（Palm Beach）的富人、商業鉅子培養關係，並因為協助成立納斯達克（Nasdaq）市場而出名,在1990年代早期擔任過三屆主席。

馬多夫以可靠、值得信賴出名,與金融監管者稱兄道弟,甚至加入美國證券交易委員會(SEC)的諮詢委員會。1980年代末,馬多夫進一步聲名鵲起。在日後被稱為「黑色星期一」的1987年股災中,無數客戶急著拿回錢,而馬多夫是少數還會接電話的券商,宛若救星——他是唯一的清流。光是股災那一天,就讓馬多夫獲取足夠的信任,根本不會有人想到,他私底下正在搞全球最大的龐氏騙局。

馬多夫效應的第二個元素,是財富**與**名人的雙重加持。馬多夫不僅是華爾街寵兒那麼簡單,他的客戶全是最高不可攀的達官顯貴,包括最有名的名人與最頂尖的金融機構,例如導演史蒂芬・史匹柏的神童基金會(Steven Spielberg's Wunderkinder Foundation)、諾貝爾獎得主魏瑟爾(Elie Wiesel)的基金會、紐約大都會棒球隊老闆佛瑞德・威爾朋(Fred Wilpon)、億萬媒體大亨莫堤摩・祖克曼(Mortimer Zuckerman)、英國的匯豐控股、蘇格蘭皇家銀行、日本的野村控股與法國巴黎銀行。漸漸的,人人都想加入。

馬多夫意識到幻想與名氣的力量,煽風點火,利用投資他的名人與備受敬重的金融機構,拿他們的名字招搖撞騙。人們一聽到那些名字,就覺得一定是聰明又安全的投資。馬多夫只需要說「我的基金史匹柏也有投資」(明顯的語言成長觸發點),投資人幾乎就會**求他**接受他們的錢。不是每個投資馬多夫基金的人,都能因此和他的名人客戶來往,但至少他們的錢可以。

如同任何成功的品牌,馬多夫效應的第三個元素包含DBA

和成長觸發點。馬多夫配合自己的個人品牌，運用帶有財富、名望、菁英與成功聯想的DBA，把辦公室遷到紐約口紅大廈（Lipstick Building），平日搭乘水上飛機從位於拉伊（Rye）的住家去上班。口紅大廈位於曼哈頓中城區第三大道，金碧輝煌，是當地的代表性建築。菁英基金經理人開始告訴人們，一定得跟著馬多夫投資──這個人太神奇了。馬多夫替客戶帶來不可思議的投資報酬率，進一步鞏固他是華爾街巫師（wizard of Wall Street）的名聲。

以上的三個元素，讓馬多夫效應得以瞄準我們錯失恐懼（FOMO）的天性。棕櫚灘以馬內利會堂（Temple Emmanuel）的猶太拉比費德曼（Leonid Feldman）解釋：「如果有人說：『我想投資五百萬美元在你的基金。』馬多夫會說：『這可不行，沒辦法。』你得先認識某某人，這個人認識某某人，而那個某某人又認識某某人。你必須先找到門路，才能跟著馬多夫一起投資。」

人們搶破了頭要把錢塞給馬多夫。換句話說，馬多夫效應有一部份仰賴了稀缺效應。這種認知偏誤會導致我們重視供不應求的東西。如果有東西賣光了，或是有人告訴你別人也想要，你會更想要拿到手。空空如也的貨架最能激起興趣。

證交會雖然收到好幾份涉及馬多夫的報告，但同樣也被愚弄，覺得他不可能做出那種事。同一時間，500億美元的資產直接進了馬多夫的口袋。馬多夫效應最悲劇的部份，或許是傷到無辜捲入的人們。每一個擁有「特權」、能跟著馬多夫一起投資的人，都被榨得一乾二淨。例如76歲的前地毯銷售員阿諾‧辛基（Arnold Sinkin）把自己和妻子的錢拿去投資馬多夫。那筆約100萬美元的錢，可是工作54年賺來的。在馬多夫被捕的48小時內，這對夫婦一輩子的積蓄和退休金就泡湯了。

似乎每隔幾年，就會又一次爆出令人震驚的消息，讓投資人血本無歸。很不幸，從2000年代中的安隆案（Enron），到2022年由山姆‧班克曼－弗萊德（Sam Bankman-Fried）擔任執行長的FTX加密貨幣交易平台破產，例子不勝枚舉。

從這些例子可以看出我們的大腦如何運作，馬多夫效應又是如何利用潛意識對名氣與財富的渴望。這是一種致命的組合，使人覺得那些投資機會千載難逢，哪裡還需要多想。

我們的大腦直覺認為，做這些決定不需要先做研究與調查，但實際上非常需要。幻想讓我們把某些人視為完人，過分誇大他們的優點、低估缺點，同時也使我們永遠深受發大財的可能性誘惑。終歸一句，儘管幻想有助於建立大型的連接組與打造品牌，但我們也得小心其中的陷阱。

※ ※ ※

雖然許多人的意識會宣稱自己想要真實的東西，但我們卻會被美好的品牌與點子所吸引，猶如飛蛾撲火。幻想有許多種形式，令大腦投懷送抱。有些是我們渴望達成的事，有些則永遠不可能有結果，但這並不妨礙我們作夢。有的幻想很小，例如家裡的空氣聞起來很清新；有的幻想則很大，例如成為鉅富。不論如何，幻想這個手法的應用範圍，不限於化妝品和時尚等少數幾個產業,而是從健康照護、金融服務到電視、娛樂,在所有的產業都能奏效。

儘管每個人渴望的細節不盡相同,但我們的幻想卻出奇一致——家庭美滿、工作獲得賞識、到充滿異國情調的地方度假。那些幻想說出了我們想當的人、想在人生中得到的東西,或是如果能做某件事,完全超出平凡的日常體驗,那會是什麼樣的感覺。

由於幻想會高度動用大腦與多重面向的連結,因而能佔據我們的心智,把其他事情擋在外頭。同樣的道理,把品牌連結至某個幻想,你的連接組就能成長,把對手拒於門外,形成直覺上的優勢。

不過,一個不小心,幻想也有可能矇蔽我們的雙眼,使我們沒去找該找的資訊,例如硬數據、績效證明或下行風險。明白這點並了解相關的概念後,就能辨認何時需要做盡職調查,好好保護自己,不讓別人利用幻想佔我們的便宜。

08

引進新客群

直覺規則：仰賴既有顧客將落入陷阱，不買你品牌的人才是成長的來源。

奇普‧威爾遜（Chip Wilson）在1997年上了人生第一堂瑜伽課。當過阿拉斯加油管工人的他，後來轉行替滑板、衝浪、滑雪板玩家設計與生產服飾。先前幾個月，威爾遜聽到愈來愈多關於瑜伽的事：他看到貼在電線桿上的瑜伽課廣告、在報紙上讀到瑜伽報導，還在咖啡廳有人提到瑜伽時，偷聽別人的對話。威爾遜決定要了解為什麼瑜伽這麼熱門，於是他親自報了一堂課。在接下來四星期，他訝異的看著課堂人數從5人，一下子暴增為30人，而且除了他以外全是女性。

威爾遜感到有改變正在發生，但同學能穿去上課的衣服，只有舊巴巴的T恤和穿爛的短褲──除了健身房，你不會在公眾場合穿那種東西。威爾森決定替這個新興市場，開發更科學的新型服飾，服務年輕、專業、成功的運動女性。1998年，露露樂檬公司（Lululemon Athletica）誕生。

露露樂檬起初白天是設計工作室、晚上是瑜伽課場地，2000年才變成專門店，替女性製作萊卡材質的瑜伽褲。時間快轉到2023年，露露樂檬已經在全球擴張，擁有650間零售店，其中350間在美國。露露樂檬2022年的營收是81億美元，比前一年暴增驚人的29%，線上銷售大約佔總營收的52%。威爾遜掀起「健身房衣服」革命，新型的運動服就此誕生——運動休閒風（athleisure）。

即便如此，露露樂檬最令人印象深刻的地方，不是過往的公司史，而是如何定位品牌，在未來獲致永續的成長。雖然露露樂檬從女性瑜伽褲起家，但公司一路前進時，並沒有忘掉一件許多品牌沒顧及的事——非使用者（nonuser）。

遵守傳統意識行銷模式規則的品牌，目光大都放得不夠遠大，還以為不值得耗費力氣追求新顧客，或是不可能把他們搶過來。然而，這種想法有一個明顯的問題：那如何還能保持成長？雖然企業可以透過併購來增加營收，但大部份的品牌無力一路併購達到龍頭地位。

此外，有機式的成長最值得欽佩，也是提升公司股價的關鍵。你可以偷懶，試著讓「類似的」顧客選擇你的品牌，也就是和老顧客很像的族群，但這個做法將嚴重限制潛在的買家人數。

露露樂檬則不同，既有效抓住忠實的顧客，又能吸引到完全出乎意料的成長目標——男性。任何傳統的行銷人員都會說，這幾乎是不可能的事。一個以女性瑜伽褲出名的品牌，怎麼可能吸引到男性受眾？大部份的人會說這是天方夜譚，然而，露露樂檬今日將近七成的營收來自女性產品，男裝也佔了三成的銷售。

而且你知道嗎？男性很喜歡露露樂檬的衣服。到2020年，露露樂檬男裝部的營收在兩年間的複合年成長率達到27%，超越女裝部的成長。《華爾街日報》在2022年報導，男性對露露樂檬的褲子**趨之若鶩**；同一年，《君子》（*Esquire*）雜誌稱露露樂檬的ABC褲款（ABC是個有趣的縮寫，意思是褲子能貼合男性身體最敏感的部位）是「邪教般的經典」（cult classic）。

ABC褲款和Commission褲款是露露樂檬最受歡迎的男褲，不是那種你星期六在家穿著溜達的鬆垮運動衫。兩個褲款正式到能當正裝，但都使用讓露露樂檬出名的布料——高科技、運動風、延展性佳、舒適。

公司的全球品牌管理營運資深副總裁玄黛博（Deb Hyun）表示，「露露樂男」（Lulule-Men）這個客群不斷成長，並漸漸成為總購買量的大宗。露露樂檬的男褲，妙在不需要解開一堆鈕扣與拉鍊就能脫下，完美平衡了三個驅動力：時尚、舒適與先進技術。

不過，光是產品好還不足以解釋為什麼露露樂檬能如此成功的吸引到成長目標。主品牌必須有所演變才能做到這點。傳統思維認為，男性寧願去掉性命，也**永遠**不會走進賣女性瑜伽褲的店，更別說要穿上有露露樂檬LOGO的衣服（形狀像女性的頭髮）——但這種推論來自意識型的行銷原則。在這方面，影響力人士效應幫露露樂檬做了無聲的代言。男性看到自己尊重的其他男性——朋友、同事、NBA球員、街上走著的人，或動態消息中看到的人──穿著看起來很不錯的露露樂檬褲子，事情大為改觀。男性這下子被「默許」穿上所謂的「女人的牌子」。

不管傳統的行銷人員怎麼想，露露樂檬有辦法從女性專屬的品牌，轉向成瞄準男性，證明不一定只能死守既有的顧客。露露樂檬的關鍵是建立可延展的專業知識，「拉伸」原本替女性設計的高科技組合（簡單風格加上舒適），把男裝也納入產品組合，並放手讓影響力人士默默施展神奇的力量。

不論什麼品牌，只要在直覺層面下功夫，都能觸及新顧客。這裡的重點不是**能夠**吸引到成長目標，而是**非這麼做不可**。傳統看法認為，由於使用者會忠於產品與服務，因此幾乎不可能搶到對手的客人，最好專注於自家的核心受眾。這種看法大錯特錯。我們的大腦是學習機器，永遠在變化，因此讓人養成新習慣比想像中更容易。仰賴現成的顧客是陷阱，但只要持續把資源優先用在獲得新顧客，就有辦法逃脫或完全避開這個陷阱。

核心顧客陷阱

每年大約有三分之二的行銷長與行銷主管表示，接下來一年，將專注於向**既有的**顧客行銷產品與服務。這麼做聽起來言之成理，因為他們假設賣產品給原本的顧客，會比獲得新顧客容易，成本也更低。畢竟新顧客有著根深柢固、難以改變的習慣與忠誠度，要把他們搶過來，難如登天。不過，這種想法只有一個問題：企業如果把行銷的重點放在既有的顧客，認為比贏得新顧客更重要，那麼時間一長，業績就會停滯，最終萎縮。

前文提過幾個這樣的品牌，例如柯爾百貨與維多利亞的秘密，但還有很多其他的品牌也一樣，例如西爾斯百貨、Kmart百貨、傑西潘尼、玩具反斗城（Toys "R" Us）、電路城（Circuit City）、羅德與泰勒百貨（Lord & Taylor）、博德斯書籍與音樂（Borders Books and Music）、柯達（Kodak）與百視達（Blockbuster）。這些公司全都傾向於把行銷資源、消費者研究與定位，投注在既有的顧客身上，他們的下場顯而易見：市佔率下滑、成長輸給對手，有的甚至破產。

高度專注於守成的公司，哄騙自己相信品牌能高枕無憂。我稱之為「核心顧客陷阱」（Core Customer Trap）。為什麼說是陷阱？有三點理由：一、顧客永遠來來去去，所謂的忠實顧客不如想像中那麼忠實。二、如果不持續補充新一代的顧客，公司規模會縮水。你的職責正是把品牌介紹給新一代的顧客，倘若你未能擴張，你必然會消逝。三、核心顧客會帶來錯誤的安全感，因為他們通常無論如何就是喜歡你的品牌。

每個品牌都會逐漸累積負面的聯想，但核心顧客很少會告訴你那些缺點，只有透過監測滲進成長目標大腦的負面聯想，才能找出潛在的問題。當你了解負面聯想的本質之後，你也會開始知道需要做什麼才能戰勝。這是帶來新使用者的關鍵。

不論你是否認為自家品牌基本上完美無缺、不需要改變，或是你認為向既有的顧客推銷，就是比較簡單，最後的結果都一樣：你主要專注於老用戶，導致成長放緩。然而，大部份的品牌完全不會考慮到這點。當成長停滯時，反而會認為這代表自己對既有顧客的照顧**不夠**，於是卯足了勁，希望目前的忠誠顧客能協助自己挺過難關。然而，品牌需要意識到，忠誠度的高低與連接組的強弱有關。

忠誠度，出自真心或獎勵？

美國企業的酬賓計劃、回饋與相關促銷活動的支出，2022年達到56億美元。然而，這基本上是花錢購買顧客的忠誠度，那還能稱作忠誠度嗎？如果得不斷用獎勵與忠誠計劃等誘因，才能留住顧客，這代表企業和顧客最初的關係是什麼？好康在，關係才在。如果「忠誠度」如此脆弱，這其實代表企業不曾在人們的心中，建立起夠大的正面品牌連接組。

企業如果只仰賴理論上的既有顧客忠誠度，時間一長，報酬率會愈來愈差──有如在製作檸檬水時，一直榨取相同幾顆檸檬的汁。這樣的忠誠充其量是薄弱的。

當然，餐旅業與航空公司有著最精心設計的忠誠回饋，他們的獎勵計劃的確有助於帶來回頭客。此外，忠誠度也有助於提升穩定度，尤其是當品牌尚處於初期的階段。然而，如果太仰賴這樣的計劃來**留客**，你的連接組顯然有問題。如何能判斷是否出了問題？如果只有拚命打折，才能達成銷售目標，那麼你八成過分依賴行銷誘因了。

以總部在紐澤西的3B家居公司（Bed Bath & Beyond）為例，這間公司在2023年4月申請破產。3B的際遇和柯爾百貨很像，在1990年代與2000年代初期盛極一時，卻落入核心顧客陷阱無法逃脫。他們未能優先專注於成長目標客群、從競爭者那裡搶下新顧客，而是持續提供折扣，發放折價券給既有的顧客。

3B的折價券計劃變得太深入品牌模式的骨髓，民眾更有印象的是這間公司會發放藍白色的八折紙本折價券，而不是店內販售的豐富居家用品。

如同《CNN商業》(*CNN Business*)所言，3B的折價券計劃稱得上「經典」，是「大眾文化的象徵」。全美各地的顧客，他們的錢包、櫃子和桌子裡收著3B的折價券。事實上，3B折價券發放浮濫，漸漸失去價值。360間3B分店與120間3B嬰兒專賣店（Buybuy Baby）的購物者，開始默默認定永遠都會打八折。一張又一張、一疊又一疊的折價券，讓消費者忘掉3B販售的產品**真正**的價值。即便有部份老顧客不斷回頭購買，許多顧客還是找上別的商家購買枕頭、毛巾與窗簾。

線上銷售興起、亞馬遜問世，絕對也是3B衰敗的原因，但如果認為一切純粹是網路害的，那就是鴕鳥心態了。在3B走下坡的時候，好市多與沃爾瑪等其他實體店，反而接收流失的顧客。論價格的話，折扣零售店也比3B便宜。3B失去先前八折帶來的競爭優勢之後，2012至2019年間銷售疲軟。所謂的忠誠顧客，毫無心理負擔的換一間店買。3B申請破產時，資產44億美元，負債52億美元。

2023年，線上零售商Overstock用2,150萬美元買下了3B，以一間銷售額達79億美元的公司來講，真可說是跳樓大拍賣。Overstock沿用3B的名字，並把3B的營運全數移至線上，藉著合併兩間公司無所不包的產品系列，給了3B重生的機會。

如果能改變策略，不再每一樣產品都拚命打折，那麼合併後的3B將有機會存活下來。然而，只有時間才會知道答案。雖然Overstock的執行長表示,將不再那麼頻繁發放藍色折價券,但他們的策略依然令人感到過分仰賴獎勵與打八折。這個重來一次的品牌能否成功,尚有待觀察。

如果你的品牌十分健康,根本不需要這一類的忠誠度誘因。你的品牌連接組很大、很正面,消費者的大腦不會只想到折價券,而是對你的品牌著迷,此時是貨真價實的**直覺**忠誠度。換句話說,顧客的確會有忠誠度,但八成不是你以為的那樣。

忠誠度不是在某種層面上,有意識的效忠於你和你的品牌;忠誠度也不是在情感層面上,熱愛你提供的服務或產品,更絕對不是靠不斷打折與提供回饋換來的。真正的忠誠買不到,只會來自擁有龐大的實體品牌連接組,讓正面的聯想多到滿出來。此時消費者才會一次又一次,以自動駕駛模式購買你的品牌。這樣的連結不需要誘因,而是出自直覺。

直覺的忠誠度來自龐大、健康、九成都正面的品牌連接組;買來的意識忠誠度則來自誘因、促銷與獎勵計劃。頂尖的管理顧問公司之所以能打造出規模十億美元的顧問事業,方法就是向客戶承諾能利用淨推薦值等概念,測量、增加顧客的意識忠誠度。但老實講,他們辦不到。雖然顧客忠誠度被奉為最古老、最受信任的行銷概念,卻建立在有問題的前提上。忠誠度其實很脆弱,並非牢不可破,而且不是業績成長的關鍵。

家庭滲透率才是重點

貝恩策略的費德列克・F・雷克海(Frederick F. Reichheld)

是忠誠度大師。他2003年的文章〈你需要提升的一個數字〉（The One Number You Need to Grow）主張，忠誠度會帶動業績成長。此外，真正的忠誠度不是重複購買，而是化身為支持者，讓其他人也想買。雷克海在那篇文章裡，向讀者介紹他替這個概念發明的配套指標：淨推薦值（Net Promoter Score，簡稱NPS）。

企業領袖立刻對忠誠度產生濃厚的興趣，因為有辦法計算。此外，有了淨推薦值後，他們終於能比較不同的品牌與公司。管理團隊開始把精力放在替現有的品牌提高這項指標分數。投資銀行與私募股權公司在做併購機會的盡職調查時，除了常見的財務比率，也開始採用淨推薦值。《Fortune》五百大企業的最高管理層，一下子就接受這個概念。但只有一個問題──沒有太多的證據顯示，淨推薦值或忠誠度真的和企業成長有關。

安德魯・艾倫伯格（Andrew Ehrenberg）與法蘭克・巴斯（Frank Bass）兩位教授早在1960年代，就質疑專注於既有顧客忠誠度的效力。南澳大學（University of South Australia）2005年成立的艾倫伯格–巴斯行銷科學研究所（Ehrenberg-Bass Institute for Marketing Science），便是以兩位教授的名字命名。兩人從數學的角度看待行銷與品牌成長，他們和觸發點公司一樣，挑戰許多獲得認可的行銷看法，並用統計證明如果要成長，品牌其實必須增加「家庭滲透率」（household penetration），也就是購買特定產品或服務的家庭百分比。

雖然艾倫伯格與巴斯把既有的顧客視為維持品牌穩定度的途徑，但他們也提醒，把忠誠度視為成長的途徑將起不了作用。

事實上，兩人根本質疑忠誠度的概念，他們說明顧客不會一次又一次只買單一品牌，而會使用同一個類別下的各種品牌。也就是說，即便你是首選，消費者碰上特殊情況時，通常也會選用其他品牌。如果當天貨架上，剛好沒有你家的牙膏，顧客就會拿起競品。兩位教授意識到，唯一可靠的成長辦法，將是專注於拓展新顧客。

更高的滲透率會帶來更高的營收與利潤——滲透率提高，市佔率也會跟著提高，忠誠度則不一定。如同核心顧客陷阱，艾倫伯格與巴斯提出依賴既有顧客的三個問題：

一、顧客永遠會來來去去，即便是汰漬（Tide）與可口可樂等忠誠度最高的品牌也一樣。不管你的顧客服務與體驗有多棒，還是有不少人會跑掉。

二、每個品牌只會有一定數量的忠誠顧客。重度使用者一般只佔公司顧客的兩成，中度使用者則偏向三成，剩下的是輕度使用者。如果你家的重度使用者只佔兩成（即便他們佔了五成營業額），相較於外頭成千上萬的顧客，你的目標顧客人數太少，不足以帶來高成長。

三、重度使用者已經大量購買你的品牌——他們飽和了。舉例來說，如果你賣洗髮精，不太可能讓顧客每天不只洗一次頭。

艾倫伯格–巴斯研究所主張，每年會有五成的使用者離開。伊麗絲·肯恩（Elyse Kane）是行銷教授兼高露潔–棕欖公司

（Colgate-Palmolive）的前任市場洞見分析副總裁，她把這種情形描述為漏桶情境（leaky bucket scenario）。如果要讓桶子一直是滿的，你得不斷加水，而且速度要快過流失的速度。換句話說，企業光是要讓業績不下滑，就得讓新用戶補足五成的使用者人數；倘若想要成長，更是要增加不只五成。如果每年有五成的顧客離開你，你最好能快速找到大量的新顧客。

此外，相較於既有的顧客，新顧客代表大出許多的客源。剛才提過，忠實顧客只佔一間公司最小的比率，只是一小群人。相較之下，外頭的顧客成千上萬，都是你的潛在市場。最好瞄準你能瞄準的最大客群，而不是最小的。這是很簡單的數學題，當你的行銷觸及的人數愈多，能拉到的人也愈多。那就是為什麼強勁成長的前提，將是吸收最多的潛在新受眾。不論你是新創公司，或是有歷史的大品牌，想要獲得最大的成長，整體目標必須是增加家庭滲透率，而不是忠誠度。

市佔率高的大品牌與市佔率低的小品牌，兩者的滲透率差異極大。例如市佔率介於15至20%之間的品牌，滲透率遠高於市佔率僅有2%的品牌。然而，市佔率高與市佔率低的品牌，兩者的忠誠度差異**極小**。也就是說，忠誠度與市佔率成長之間的關聯很小或沒有關聯。如果真有關聯，市佔率高的品牌理應擁有較高的忠誠度。

品牌有如轉輪上的倉鼠，不停追逐忠誠度，跑得很勤快，卻努力追著錯誤的指標。如同品牌使命的情形，追求忠誠度會分散行銷火力，無助於改善、擴大你的事業。

這代表既有的顧客不重要嗎？當然不是這個意思。你絕對要懷著感激之情,好好善待核心顧客,盡一切力量,留住每一位老顧客。事實上,在顧客體驗這方面,光是獲得核心顧客的高滿意度還不夠,公司需要把目標定得更高,致力於帶來「完美」的體驗。只不過,就算盡了最大的力氣,忠誠度也只會微幅上揚,更絕對不會轉換成顯著的成長。

爭取新顧客是當務之急

所以說,雖然當然要盡量提升顧客體驗,才能留住顧客,但你必須把更多資願用於顧客獲取(customer acquisition),而且想要獲得顧客的話,唯有瞄準**還不是**顧客的人才可能辦到。

此外,你的成長目標客群必須對你的品牌有好感,才可能變成你的使用者。換句話說,你必須有茁壯成長的健全品牌連接組,充滿正面的聯想。

前文提過,大腦隨時都在增加、流失聯想。不論是既有的顧客、競品的使用者、非使用者、流失的顧客或臨時顧客都一樣。如果你能讓你的品牌連接組在使用者的腦中壯大,那麼你也幾乎能在任何人的身上辦到同樣的事。

話雖如此,對手的使用者會比非使用者更容易爭取,因為他們原本就會買你們的領域在賣的東西。如果他們不買你的品牌,那麼按照定義來看,相較於他們常買的品牌,你在他們腦中的品牌連接組比較小,而且八成有負面聯想構成的障礙。

大部份的人都有常買的品牌,但不代表他們一定就只買那一個牌子。成為某個類別底下的其中一個直覺選項,是讓滲透率和市佔率上升的不二法門。如果要做到這點,你必須隨時查看自家品牌在成長目標客群腦中的情形，並判斷要如何改善、移除障礙，讓你的品牌連接組變得更大、更為正面。

舉例來說，汰漬與淨七代（Seventh Generation）都以洗衣精和清潔產品出名，但定位十分不同，一個代表強效清潔，另一個注重環保。

汰漬在1946年問世，是最大的清潔品牌，家庭滲透率約達49.3%。淨七代晚汰漬42年，在1988年問世，家庭滲透率不到汰漬的一半。不過，汰漬的滲透率未能更高的原因，在於沒能擄獲家庭中千禧世代與Z世代的心──或者說，吸引他們的速度，比不上吸引年長的一家之主。相較於先前的世代，這兩個世代更關心環保。

許多品牌會說，汰漬永遠拉不到「天然派」的消費者，淨七代也永遠無法讓汰漬的顧客投奔他們的品牌。這些假設都不是真的。事實上，淨七代大部份的顧客都來自汰漬等主流品牌；這些消費者正在慢慢改成購買各種「天然的」產品。

另一方面，「天然派」顧客腦中的汰漬連接組，存有負面聯想構成的心理障礙。汰漬若能想辦法加以克服，沒道理滲透率不能提高，例如上升至60%。

同理，如果淨七代能花時間找出為什麼愈來愈多顧客放棄汰漬等老牌的主流洗衣精，改選淨七代，淨七代將能打造充滿正面聯想的訊息，壓過負面聯想，增加自家連接組在成長目標客群腦中的顯著性。

汰漬使用者腦中的淨七代連接組，八成有太貴、洗淨效果不足等聯想。「天然派」千禧世代使用者腦中的汰漬連接組，也充滿負面的聯想,包括傷皮膚、傷害地球、化學成分會滲進身體,傷害家人的長期健康等等。這些看法是否是真的,同樣不重要;結果才算數。

如果淨七代要齊心搶走汰漬的顧客,唯一需要做的就是利用正面的聯想,壓過汰漬使用者心中關於淨七代的負面聯想,以及讓他們腦中的淨七代連接組成長。隨著「綠色」潮流愈來愈風行,汰漬的部份既有顧客,八成已經在其他領域投向天然產品的懷抱,例如在以有機食品出名的全食超市(Whole Foods)購物,並吃得更健康。淨七代嘗試提升家庭滲透率時,這些「過渡中」的消費者會是完美的目標。

淨七代如果要搶走競爭對手的使用者,就得克服使用者心中的每一道心理障礙,而且要小心,避免無意間反而加以強化。千禧世代的汰漬消費者或許飲食已經朝著天然走,但不一定洗衣精也會改選天然的,因為他們擔心淨七代的產品洗不乾淨。白色衣服將不夠白、細菌會藏在折起的褲腳裡。淨七代如果要贏得這些顧客,就必須說服他們淨七代的洗淨力和汰漬一樣好。目前淨七代正在推廣「使命清潔」(Clean with Purpose)的品牌理念,但使命不該是品牌推銷的唯一主要訊息。(值得留意的是,淨七代的母公司也是聯合利華。)

淨七代如果追求汰漬的客群,將有助於解決自家的漏桶問題。汰漬的家庭滲透率幾乎達到五成,有龐大的顧客群,而追趕最大的對手會帶來最好的投資報酬率,因為他們有更多使用者可以流失──你有更多能搶過來的使用者。如果淨七代能說服汰漬的顧客改選他們,就算只搶來5%,也是一大勝利。不過,如果淨七代要證明自家產品和汰漬一樣有效,就必須打造有效洗淨與專業的訊息。

舉例來說,淨七代目前明確指出產品沒添加哪些成分,不會傷害環境,但究竟使用了哪些成分,卻沒講得那麼清楚。如果要搶走汰漬的顧客,淨七代可以說出作用機制的故事,解釋他們的配方如何讓衣物變乾淨。基本上,淨七代必須傳達他們的洗淨力等同或超越汰漬。請注意,這個行銷訴求完全沒動到淨七代的核心事業,只不過是強調產品過去被忽視的面向。

淨七代可以在這個過程中,向成長目標客群(主流的洗衣精使用者)證明,他們無須做出任何取捨:即便使用更天然的產品,照樣能獲得相同的清潔效果。此外,如果淨七代持續在對手使用者的腦中建立淨七代的連接組,誰知道會不會有很多人改用淨七代。別忘了,一切都與成長有關。你的連接組愈大,受眾也愈多;受眾愈多,滲透率也愈高;滲透率愈高,市佔率和營收成長也會愈高。

雖然在商業的世界,太多企業熱中於把忠誠度當成成長的途徑,但這個廣為接受的想法正在出現裂縫。貝恩策略顧問公司曾分析全球各地近10萬名的購物者,結果發現試圖培養出忠誠的顧客、讓他們逐漸購買更多的公司產品與服務,是在緣木求魚。貝恩解釋:「成功的品牌不一樣,他們遵守一條簡單的規則:重點是增加家庭滲透率。」

最強大的訊息人人適用

重要的客群最終只有兩種：你的核心顧客與你的成長目標、跟你買東西的人與不跟你買東西的人（至少目前還沒買）。不過，大多數的行銷人員永遠不會同意這點，他們認為應該要盡量細分受眾才對。這樣的市場區隔是今日最熱門的研究和行銷技巧，也是過去的遺跡。即便鮮有證據顯示，分得愈細愈有效，顧問與研究公司仍然年復一年，向企業推銷這種一份要價數十萬美元的報告。

向帶有不同特徵的客群打不同的廣告，不會有幫助。當你試著讓事業成長，盡量爭取受眾，不管是「愛編織的女性」或「愛跑步的男性」，此時建立大量的顧客輪廓（profile）不會提供有用的洞見。此外，如果你仍然把受眾愈分愈細，你的資源將永遠不足以一一分開行銷。就連最大型的《Fortune》百大企業，資源也沒多到能向多個目標受眾個別行銷，頂多瞄準兩個。

市場區隔背後的理論是在這個逐漸分眾的世界，人們極度分化，同樣的訊息不適用於多種受眾。然而，如果從直覺的角度思考，情況就不一樣了。人們在內隱層面的相似度遠比想像中高。他們的品牌記憶，以及他們對於家庭和未來的幻想，其實高度相似。換句話說，最強大的概念是共通的。

你的訊息也一樣，健康有力的品牌是不分邊界的，帶有各種人口群組都共通的聯想，也因此如果你出現區分受眾的欲望，或是想要過度分散媒體支出，那就要小心了。當你過度區分目標受眾，每一種受眾都有專屬的訊息，你的品牌將逐漸分崩離析。

當你的品牌在不同人心中具有不同的意義，那就不再是一個品牌。此外，你將在過程中燒掉大量的金錢。

顯著性最高的品牌會在每一個人的腦中，帶出相似的主題與聯想——新舊顧客都一樣。因此，你該問的問題不是「顧客之間有哪些地方不同」，而是該問：「我們顧客的相似處是什麼？」在某些情況下，的確該替受眾打造專屬的訊息，但更有效率也更簡單的做法，通常是集中有限的資源，盡量透過各種管道，把共通的訊息傳給愈多人愈好。

即便是人們眼中截然不同的兩群人，也會有共通的強大訊息。舉例來說，從軍事支出到社會議題，民主黨與共和黨對於每一件事的看法，表面上完全對立，至少民調是那麼說的。然而，某美國藍州*做過一項值得留意的研究。如果在選舉名單上候選人的名字旁邊，放上一個「R」字（Republican，共和黨），那名候選人會自動陷入-5至-20個百分點（視選區而定）的劣勢；然而，如果在相同名字旁放上「D」（Democratic，民主黨），而且選舉訴求**完全一樣**，情況將會倒過來：候選人獲得5至20個百分點的優勢。換句話說，其實有些訊息人人都同意——只不過你得帶來正確的聯想，才能讓雙方陣營都接受。

如果要出現最大的成長，品牌需要集中火力，試著贏得成長目標客群，而不是製造分裂的受眾與訊息。事實上，你用來提升品牌、獲得成長目標顧客的訊息，八成也有助於留住既有使用者。然而，如果你採行區隔法，那麼你將無法專心做實際該做的

---

* 譯注：藍色是民主黨的代表色。

事：提高家庭滲透率。你將忙著與五花八門的受眾對話，一週七天、一天二十四小時，並把他們分成愈來愈小的區塊，永無止境；你會錯失真正的大魚，既無法贏得成長目標客群的心，又無法保住既有的顧客。畢竟，如果要盡量成長、擴大品牌，帶進新客又保住熟客才是最快、最有效的方法。

※ ※ ※

每年有多達75%的行銷長說，他們打算把既有的產品，賣給既有的顧客。許多領導者對於獲取新顧客，或是搶走對手的用戶，顯然心存畏懼，認定困難重重，甚至根本不可能。他們因此死守原本的賽道，永不偏離，只專注於核心顧客，努力用許多誘因留住他們。

然而，這麼做等同緣木求魚。個中道理如同漏桶情境所說的，顧客總會隨著時間流失，如果沒補充活水，等你注意到的時候，桶子早已空空如也。成長必須來自某處，如果要讓桶子維持在滿水的狀態，唯一的辦法是把大部份的行銷資源，投入爭取新顧客，而不是用在留下既有的顧客。

若要有效搶到成長目標顧客，你必須移除他們的心理障礙、滿足他們的選擇驅動力──雖然他們的心理障礙與動力，有可能不同於既有的顧客。然而，如果你不這麼做，另一條路必然會竹籃打水一場空：繼續試著依據既有顧客的輪廓，找到更多顧客，但這樣的顧客永遠不夠多。同樣投入一筆錢，你會想要賭在人數最多的潛在客群，因為報酬率會最高。

更何況，當你為了成長目標客群而提升品牌，你會獲得美好的附帶效益：既有顧客會覺得受到認可，他們在使用你的品牌時，腰桿會挺得更直，流失率則下降，畢竟他們一直以來都選對了。這就是從直覺的角度切入的美妙之處。對成長目標顧客來說的好事，最終也會對核心顧客好。正面的效應開始出現複利效應，兩種客源都能有所成長。如同植物被人好好澆水，你的品牌連接組實體將會朝著四面八方生長。

09

拋下行銷漏斗

直覺規則：掙脫行銷漏斗的束縛，一夕之間建立品牌。

這是真正的美國精神。我們相信人民的簡單夢想能夠成真，始終相信會發生各種小小的奇蹟。我們晚上替孩子蓋被時，知道他們衣食無缺、安全無虞；我們想說什麼就說什麼、想寫什麼就寫什麼，不必擔心突然有人敲門；我們可以隨心所欲創業，不必賄賂，也不必雇用某個人的兒子；我們可以參與政治，不必害怕報復，而且每一張選票都算數——起碼大多數的時候如此……。

然而，就連在我們說話的這個當下，也有人準備好分化我們、操控輿論、肆意抹黑、無所不用其極。我要在今晚告訴那些人，沒有分什麼自由派的美國和保守派的美國——只有團結的美利堅合眾國；沒有分什麼黑人的美國、白人的美國、拉丁裔的美國、亞裔的美國——只有團結的美利堅合眾國。

歐巴馬首度說出這段令人難忘的演講詞時，尚未當上第四十四屆美國總統──事實上，他離總統之位還遠得很。2004年7月27日，他以默默無聞的伊利諾伊州參議員的身分，在麻州波士頓走上台，發表民主黨全國代表大會的專題演講。歐巴馬當時在全國的知名度還很低，根本沒什麼人認識。除非你住芝加哥南區，要不然腦中八成完全沒有歐巴馬的品牌連接組──沒有根、沒有枝葉、沒有林冠。然而，如果你看過那場演講，從歐巴馬走上講台的那一刻起，短短16分鐘內，他的品牌連接組從貧瘠的土壤，冒出最迷你的種子，接著瞬間長成參天大樹。

歐巴馬站在台上念出讀稿機上的字（在那個夏天之前，他不曾用過那種機器）。他從致謝開始：「今晚對我來說是特別的榮耀，因為老實講，我這樣的人原本不太可能站在這個台上。」接下來，他說出自己的家族傳承故事──父親在肯亞長大，小時候要放羊，學校是鐵皮屋；媽媽在堪薩斯州長大，「堅信這個國家的可能性」。歐巴馬談論美國的偉大時，引用美國獨立宣言的名句，講人人生而平等。這個主題貫穿整場演講。

歐巴馬的這場演講，除了是在對當晚坐在艦隊中心球場（FleetCenter）的民主黨觀眾說話，也是對任何在家收看的觀眾說話，不分黨派。雖然表面上，那場演說是為了支持總統候選人約翰・凱瑞（John Kerry），但主要內容是在對所有人說出年輕歐巴馬的個人哲學與價值觀，四年後則成為他的總統政見基調。不過，內容不是單純的典型民主黨話題，也不是共和黨的訊息，而是刻意設計成得以吸引最多的選民。

如同網球賽一般，歐巴馬來來回回談論民主黨與共和黨陣營都在乎的事：不過分仰賴政府解決問題、確保機會向所有人開放、出身或膚色不重要；準備好迎戰，擊敗國外的敵人，並提供國人健保；支持憲法保障的自由、尋求能源自主。

當歐巴馬說出以下這些話的時候，達到演說主題的高潮：「名嘴喜歡把我們的國家分成紅州與藍州，紅州是共和黨，藍州是民主黨，但我也有話要告訴他們。我們同樣崇拜藍州令人敬畏的神，我們同樣不喜歡聯邦探員打探紅州的圖書館；我們也在藍州訓練少棒，也有同性戀朋友住在紅州。有反對伊拉克戰爭的愛國者，也有支持伊拉克戰爭的愛國者。我們是一體的。我們所有人都發誓效忠星條旗。我們所有人都捍衛美利堅合眾國。」

以上是給**美國人**的訊息，充滿人人適用的成長觸發點，不分性別、年齡、族群、州與行政區。歐巴馬談他在各地遇到的人，從小鎮、大城到海外作戰退伍軍人協會（VFW）的大廳與城市街道，橫跨中產階級、勞工、退伍軍人與愛國人士。不論如何，重點在於希望。在未來的歲月，希望將成為他的競選主軸。這場15分鐘的全國代表大會演講帶給民眾數不清的正面聯想。當晚歐巴馬走下講台時，已經有人在耳語他會是未來的美國總統。

記者安麗亞・米契爾（Andrea Mitchell）在那天晚上的NBC《硬仗》（*Hardball*）節目，用「石破天驚」與「搖滾明星」來形容歐巴馬。評論家克里斯・馬修（Chris Matthews）更是直言：「我看見史上第一位黑人總統。」凱文・藍普（Kevin Lampe）是有名的民主黨政治顧問，與歐巴馬合作完成那晚的登台；他也發出類似的感慨：「我走上台的時候，身旁是我選區的州參議員。我走下台的時候，身旁是下一任的民主黨美國總統。」歐巴馬從那一刻起，展開總統大選活動，聰明的吸引了溫和中間派、獨立選民，以及決定選舉結果的搖擺州。

那場演講成就了歐巴馬。他有如煙火秀最後的壯觀高潮，**轟轟**烈烈闖進政壇，個人品牌深入每一名觀眾的神經網絡。你無法視而不見、充耳不聞，那場演講實實在在、難以忘懷。那一刻，歐巴馬讓所有的潛在候選人黯然失色。他的樹長得比所有人都高，個人品牌獲得提升，成為四年後的實質初選候選人。歐巴馬得以脫穎而出，但不是因為獨一無二，而是他把自己的品牌連結至左派、右派與中間派都關注的各種議題、價值觀與理念。歐巴馬在同一時間，在**所有人**心中都佔有一席之地，一個晚上就打造好品牌，十多分鐘就獲得相關性與顯著性。

別誤會了，以上不是政治聲明，不是在替某種立場背書，也不是支持或反對歐巴馬上任後推出的政策。不論你喜歡還是討厭歐巴馬，不論你有沒有投他，不論你是共和黨或民主黨、左派、右派或中間派，歐巴馬教了我們優秀的直覺行銷。歐巴馬和他的團隊在十幾分鐘的精采演講辦到的事，日後也一再重演，那是一堂大師課，傳授如何在極短的時間內讓你的品牌連接組成長，挑戰傳統的行銷原則。

歐巴馬將在接下來四年，繼續打造他的品牌連接組，並多次出現在最重要的電視節目，在《史都華每日秀》（*The Daily Show with Jon Stewart*）討論現代政治的問題，在《大衛・賴特曼深夜秀》（*Late Show with David Letterman*）讀出「十大之最」（Top Ten），在《歐普拉秀》推廣同理心的概念。他不管到走到哪都能引發罕見的共鳴，不擺架子、幽默風趣，但嚴肅看待美國與世界面臨的問題。

同樣重要的是，歐巴馬在節目上露面，是在把自己的品牌連結至大眾每天收看又喜愛的娛樂人士。許多人認為「這些是我們的節目」，所以歐巴馬是「我們的」候選人，他的連接組因此和大眾文化緊密結合。歐巴馬上節目時，也是在搭節目品牌連接組的順風車，悄悄獲得參選的背書。

《史都華每日秀》能吸引年輕受眾，主持人賴特曼則陪伴觀眾將近二十五年，歐普拉還有龐大的日間觀眾。民眾不僅看見身為候選人的歐巴馬，也看見歐巴馬這個人。當人們看見他打籃球，跑選舉行程時在地方酒吧喝酒，甚至是偶爾偷抽菸，都讓他更顯得充滿人味。

不過，歐巴馬的成功完全始於那場演講。

在政治領域，大腦永遠試著把候選人分成左派或右派。民眾依據候選人的外貌、背景、相關的話題與視覺提示，瞬間做出判斷——這個人是民主黨或共和黨，受眾因此瞬間只剩一半的選民。然而，雖然歐巴馬是以民主黨的身分參選，他卻拒絕被歸類。

歐巴馬或許不曾做到讓堅定的共和黨人支持他，但也沒這個必要。他談的議題對政治光譜上的所有人都重要，溫和的共和黨支持者與極右派獨立黨支持者的大腦，無法把他準確劃為民主黨或共和黨，他因此成為一股清流——溫和的中間派。

那是好多選民最大的幻想，只可惜擺到他們面前的候選人，永遠達不到那個標準。這就好像人們的大腦跟著賽場上的網球跑，從政治光譜的左邊看向右邊，又看回左邊；他們別無選

09 拋下行銷漏斗

擇,只能把位於中間「甜蜜點」的候選人,當成清新又不一樣的候選人。

歐巴馬真誠、振奮人心,在分裂的年代呼籲團結,讓人對未來抱持希望。那場民主黨全國代表大會的演講,讓他做到看似不可能的事。大部份的政治品牌需要耗費數十年來培養連接組與知名度,才能在民調中取得重大優勢,歐巴馬卻橫空出世。他不是來自甘迺迪或布希那種政治世家,背後沒有代代相傳的家族帶來的熟悉感;既沒有老品牌享有的好處,也沒有現任者優勢,純粹是個新人。

用正確的正面聯想快速轟炸受眾,就能一夜之間長出巨大的品牌連接組。這種高速衝擊的效應能衝破大腦的意識障礙,讓品牌一下子飛速成長,就好像大腦的記憶土壤被施了神奇肥料一樣。正是那場演講帶來了正面聯想,希望、平等、自由、自主、歷史、共同的成功、美國的力量與驕傲、安全、和平、堅持、移民的成功故事等,一下子全冒了出來。沒有單一的「大概念」,而是同時拋出許多概念。

此外,歐巴馬刻意避談基礎建設工程、經濟刺激(政府支出的委婉說法)與活的憲法解釋(living constitutionalism)*,也就是向來令共和黨支持者倒胃口的話題。雖然歐巴馬在演講中數度提及自己幫忙站台的凱瑞,但觀眾大腦聽見的全是正面的理想,並與歐巴馬連在一起,而且一連就是好幾年——有的人會說,連結至今還在。

---

* 譯注:指憲法的條文應該順應社會現況進行解釋。

從某個角度來看，歐巴馬是徹底的顛覆者品牌。共通的語言觸發點，加上歐巴馬富有魅力、舉止大方、有話直說的個人風格，這種不同於大部份政客的非典型性格，讓他得以衝破雜音。歐巴馬製造出鋪天蓋地的正面聯想，連結民眾腦中熟悉的接觸點，並運用流行文化人物的連接組，帶來強而有力又一致的訊息——勇往直前（audacity of hope）†——層層訊息的背後是成長觸發點。這一切正面聯想，在一夕之間加速擴張了歐巴馬的品牌連接組。這種事有可能做到，但很罕見，因為大部份的候選人並未和歐巴馬一樣，一次運用多條掌握直覺優勢的行銷新規則。

歐巴馬違背行銷漏斗（marketing funnel）這個經典的行銷架構。行銷漏斗是一種逐步的流程，出現於一百年前。據說如果要讓某個人選你的品牌，他們必須完整走過一系列階段，並在過程中有意識的決定要不要選你。然而，這個概念問世的年代極早，對於大腦實際上如何做決定，當時還沒有人有一絲的了解。在從前的世界，人們還以為大腦和資料處理器一樣，一個步驟、一個步驟處理決定。

然而，連接組會在累積的記憶中有機生長。換句話說，你不必闖過一關又一關，才能讓人選你的公司、理念或點子。品牌連結構成的生態系統，隨時能在受眾的腦中生長——因為成長過程不是按順序，也不需要走過各階段。雖然品牌連接組有可能需要好幾年才發展得起來，但歐巴馬讓我們看到，也有可能瞬間就長出完整的神經路徑網絡。換句話說，如果能駕馭直覺技巧，

---

† 譯注：又譯「敢於大膽希望」，歐巴馬日後出書，也以那次的演講主題取名。

一點都不需要行銷漏斗。

行銷漏斗的失敗

　　一般認為是廣告高階主管路易斯（E. St. Elmo Lewis），在1898年提出行銷與銷售漏斗的概念。漏斗是最早的正式行銷理論，幾乎被企業界所有的行銷、銷售與媒體部門奉為真理。它有好幾種版本，基本上包含五個階段：認識（awareness）、興趣（interest）、欲望或考慮（desire or consideration）、行動或轉換（action or conversion）、忠誠或擁護（loyalty or advocacy），又常被簡化成認識、考慮、轉換與忠誠。大部份的商業人士被教導，一定要循序漸進走過這個漏斗。

　　漏斗最寬的頂部是認識階段，接下來，則隨著顧客走過的旅程逐漸收窄。最好能讓顧客先認識你的品牌，進而選擇、支持，最後在最窄的漏斗底部，走到忠誠或擁護的階段。每個階段需要以不同的行銷技巧，帶領潛在的使用者走過漏斗，讓他們準備好前進到下一個階段。

　　舉例來說，認識階段可能廣泛撒網，包括電視廣告或數位廣告、社群媒體、搜尋引擎最佳化；興趣階段可能更直接、更詳細的與使用者溝通，例如發送電子郵件或電子報、透過即時聊天回答問題、向目標顧客提供案例研究與成功故事；欲望與考慮階段則可能展示產品或服務、使用影片、用圖表比較各家對手；行動或轉換階段也稱為「試用期」（trial），有可能以促銷手段刺激買氣，例如打折、試用品、折扣券、夾頁廣告。行銷人員接著想辦法透過顧客忠誠計劃，培養忠誠度或擁護度——即便前文說過，太仰賴相關技巧，長期反而可能讓品牌陷入危險。

行銷人員認為，如果消費者已經聽過品牌（認識階段），就更可能在興趣階段填寫問卷調查，或是聆聽詳細的資訊，接著想買的程度增加，更可能列入考慮等等。然而，漏斗理論並未考慮直覺層面實際發生的事——連接組的成長與擴張。當你得知品牌的新資訊時，聯想會被加進品牌的神經路徑。如果一次提供足夠的正面聯想，這些路徑或分支會朝四面八方生長，一下子形成欣欣向榮的網絡。

一旦你的連接組完全長成，相較於對手的連接組有更大的實體足跡、更多的正面聯想，那麼消費者就會準備好選你的品牌。換句話說，他們會動身購買。當你長成參天大樹，林冠蓋過森林裡的其他樹，你的品牌將自動成為首選，與漏斗階段無關。

實際發生的過程不是線性的，因為大腦不是那樣運作。人們不是按照程序步驟做出決定，也不是依據某種理性的線性模型。不過，漏斗概念會如此受歡迎，原因其實也很好懂。畢竟把過程拆成階段後，行銷人員就有辦法加以管理，更重要的是有辦法衡量，也或者該說他們是那樣以為的。

然而，衡量決策流程的各階段，不會讓你的目標受眾更接近做出選擇。此外，以這種傳統的方式一路努力走完漏斗，就好像看著水壺等水滾，感覺水永遠不會燒好。更何況，還會導致領導者過度把錢砸在消費者促銷，以及其他碰運氣的手法。

如果你喜歡這種慢慢爭取顧客的方法與步調（可能需要半年到一年以上），那就隨你吧。不過我猜多數人會喜歡盡快通過

09 拋下行銷漏斗　221

漏斗，幾分鐘、幾天、幾星期就從認識跳到擁護，不需要幾個月、幾年或幾十年。誠實一點，為了加速獲得、**轉換顧客**的步調，你八成什麼都願意做。如果換個方式，改成連結直覺腦，在腦中擴散正面聯想、建立品牌連接組，漏斗就會顯得不合時宜。

你知道的，不論是消費者或B2B買家，你幾乎不可能說服任何人**任何事**，這就是為什麼走過漏斗要花那麼長的時間。每個階段的行銷技巧，全是為了推門、拉門、把門敲得乒乓作響，直到門心不甘情不願打開——如果還真的會開的話。簡而言之，意識腦很固執、很難改變，你得花很大的力氣，才能把潛在的顧客塞進漏斗，轉換成忠實的顧客。

然而，一旦有了正確的認知捷徑，就能搭便車，利用目標顧客腦中原本的回憶增加正面聯想，幾乎在瞬間便長出新的根與枝葉。彷彿縮時攝影，幾秒鐘內，一顆顆種子便長成一片森林。

基本上，你可以跳過漏斗，但你永遠不會聽見行銷世界的任何人大聲承認這點。不管怎麼說，事實勝於雄辯。如果行銷漏斗不走不行，那麼天底下每間公司都會走過相同的步驟流程，但實則不然。一元刮鬍俱樂部（Dollar Shave Club，簡稱DSC）與卡斯柏睡眠（Casper Sleep）等數位顛覆者，幾乎是一夕之間就建立好事業，因為品牌其實不必走過人們腦中的決策步驟。利用大腦的原生機制後，就能拋棄過時的漏斗策略，和歐巴馬一樣，在短到不可思議的時間，瞬間以無名小卒的身分轟動全球。

從成長捷徑快速崛起

相較於最頂尖的《Fortune》五百大企業，直接面對消費者（direct-to-consumer，簡稱DTC）的公司，通常更能有效運用成長觸發點，原因或許是他們根本沒學過老一套的行銷規則。《Fortune》五百大企業的行銷部門更可能提供傳統行銷技巧的訓練課程。從許多方面來看，正確的內容搭配正確的提示，與消費者的聯想和記憶一拍即合，將比口袋深厚更有價值。當內容充滿成長觸發點時，將悄悄帶來大量的正面聯想，產生情感效益（emotional benefit），繞過理性思維、直奔直覺腦。運用大腦的捷徑後，就不需要漏斗階段，能加快顧客轉換的流程。你不需要砸大錢帶動成長，只需要用正確的內容輔助你的溝通。

一元刮鬍俱樂部是讓過程加速的最佳例子。這間公司2012年在YouTube放上一支影片，就連創辦人兼執行長麥克‧杜賓（Michael Dubin）都沒預料到會發生什麼事。那支由杜賓充當公司發言人的影片瞬間瘋傳，上傳當天公司網站就因為流量過高爆掉，接下來兩天收到1萬2,000張訂單。一元刮鬍俱樂部該年的營收是350萬美元，四年後增為2億2,500萬美元，被聯合利華以10億美元收購──這個品牌因此榮登獨角獸企業。那支簡單的數位影片甚至沒在電視上播過，製作成本僅4,500美元，一天就拍好，拍攝者是杜賓的朋友，兩人幾年前曾一起即興表演。

杜賓的表演功力顯而易見。影片裡的他，即便碰上一連串荒謬絕倫但與刮鬍有關的笑料，依舊能面無表情，滔滔不絕講著自家產品有多好，順便挖苦最大的競爭對手。然而，這支影片能紅，不只是因為「好笑」，也不只是因為以千禧世代為主的觀眾是「直接面對消費者」模式的主要顧客。影片中，杜賓迅速拋出成長觸發點，一個接一個，借用受眾腦中的正面聯想，長出四處蔓延的連接組。

身為直接面對消費者的公司，一元刮鬍俱樂部總是維持低價，公司口號是「省時，省錢」（Shave Time. Shave Money）。不過，在他們拋出的多層訊息中，省錢只是其中之一。一元刮鬍俱樂部還透過鋼刀與蘆薈潤滑條，以及宣稱「他媽的好到爆」，傳達品質一流又好刮。他們還讓幼兒拿著刮鬍刀，為成年男子剃頭，傳達出產品不傷皮膚。

另一個賣點是產品會送到家，有夠方便。此外，「簡單」這層訊息永遠都在。吉列（Gillette）與舒適（Schick）等大型刮鬍刀公司不斷增加刀片數與功能，一元刮鬍俱樂部則專注於回歸最基本的東西。杜賓在影片中質問：「你的刮鬍刀真的需要震動手柄、手電筒、背刀和十層刀片嗎？」此時，杜賓甚至趁機加進家族史，他提到：「你帥爆的祖父，他的年代只有一層刀片……和小兒麻痺症。」還有，別忽略了杜賓端上的價值觀與使命小菜。他向大家介紹倉庫裡的工人，指出：「我們不只是在賣刮鬍刀。我們還帶來新的工作機會。」

影片的拍攝地點，有一部份看起來像是杜賓的地下室辦公室，接著他走到充當倉庫的地方，完全不同於在大部份消費者心中，刮鬍刀業界巨頭會有的外觀——缺乏個性、反光刺眼的無聊摩天大樓。一元刮鬍俱樂部的影片**充滿人味**，迅速向受眾接連拋出成長觸發點。這種剛創業、一切從簡的品牌環境，對他們賣的基本款產品來講是絕佳的拍攝場景。一元刮鬍俱樂部和競爭者形成鮮明的對比：低成本、高品質、超方便、直送到府。此外，別忘了幽默感。一元刮鬍俱樂部嘲笑業界的恐龍，利用對比打破漏斗，只要用1分33秒播完影片，就獲得一批死忠的顧客。

吉列等公司是主宰刮鬍刀市場的競爭對手。一元刮鬍俱樂部靠著把負面聯想加進對手的連接組，讓自己的樹長大茁壯，對手的樹則枯萎了一些。這就好像一元刮鬍俱樂部的小林冠蓋住吉列的林冠、偷走吉列的陽光；他們的根快速生長，吸走吉列的水分與營養。消費者不需要吉列刮鬍刀華而不實的附加功能，也不該多付不必要的錢，只為了讓吉列公司能繼續在閃亮的辦公室運轉。不過，消費者不需要有意識作出這個選擇。在極端的對比之下，消費者的神經突觸啟動，大腦亮了起來，直覺帶著他們下決定。

在這個過程中，一元刮鬍俱樂部搶走吉列、舒適等大廠的市佔率。值得留意的是，吉列與舒適是刮鬍刀類別最大的兩個品牌。部份的外部觀察家或許會認為，對一元刮鬍俱樂部來講，比較明智的做法是專心和規模相當的對手競爭，但那是十分膽小的策略，更別提注定會失敗。

如果你是新創公司或小公司，那麼八成資源有限。你該專注的對手應該要有**眾多**消費者，而不是一點點。請想一想，假如你只有一筆行銷經費，哪一種做法比較好：是對上只有幾百個顧客的小型對手，還是以小搏大，對上有成千上萬顧客的大型對手？答案當然是挑大的對手。只要算一算就知道，相較於拿有限的錢對上小品牌，跟大品牌拚才有更高的投資報酬率。

09 拋下行銷漏斗　225

主宰市場的大型對手有最多的顧客可以搶，尤其是當你的公司還很小或剛起步，需要把競爭者拉下寶座，快速接收他們的顧客。如果做對了，這個策略能讓你一夜之間大舉入侵。一元刮鬍俱樂部的成功，證實了有辦法同一時間既讓人認識你，又說服他們換牌子，不再選你的大型競爭者。此外，如果說小型的新創公司可以採取這個策略，家喻戶曉的老牌子同樣也可以，進而好好善用尚未開發的成長潛能。

突破意識抗拒的兩招

行銷最大的迷思，就是既有的行為幾乎無從改變。然而，那只是因為人們一般試圖用技巧影響有意識的行為，例如勸說或推銷。然而，就連Facebook或汰漬等擁有高忠誠度的品牌也能被拉下寶座，因為直接面對消費者的迷你品牌，有辦法從看似堅如磐石的大型老品牌那裡搶走市佔率，而且比想像中頻繁。

不論是抽菸、政黨立場或品牌忠誠度，當你知道如何改變品牌連接組，就能在很短的時間內改變最頑強的行為。與其逼人們走過行銷漏斗，不如利用現成的聯想與記憶，以更快的速度瓦解抗拒。譬喻和幽默是威力強大的手法，能極為有效的加速這個過程。

譬喻

譬喻是直覺手法中的麥可・喬丹，一下子就能用最強力的灌籃，改變根深柢固的觀點與行為。在你的訊息裡放進譬喻，就能用正面聯想轟炸受眾，快速擴張連接組。譬喻是超級有效的成長觸發點，運用人們記憶裡原本就有的東西，拐個彎影響他們的腦袋。譬喻能用目前的神經路徑或開闢新路徑，再順著腦中縱橫交錯的神經公路，搭便車快速改變觀點，幾乎在瞬間重塑想法。

譬喻的效果會那麼強大，原因是大腦一下子就能懂，就連相當複雜的概念也能理解。記住，我們的大腦很懶，不想努力工作。譬喻讓大腦不必努力，就能用已經熟悉的事物理解概念。這麼做的時候，腦中參照的概念會與你販售的品牌產生新的連結。

最有效的譬喻會使用常見的事物或納入人們熟知的例子，使大腦更容易理解。雖然有的人會主張，太常見的譬喻聽起來很老套，但記住，令人熟悉是**好事**。使用常見的譬喻會比冷僻的好。舉例而言，如果我說某間公司有著鐵達尼號的成長軌跡，你很容易就懂我想說什麼；然而，如果我說某間公司有著129號鯨背船（*Barge 129 whaleback*，蘇必略湖2022年發現的沉船）的成長軌跡，效果不會一樣好。

同樣的，本節開頭提到的麥可‧喬丹，可說是史上最偉大的NBA球員，全世界都知道他的灌籃能耐。但如果本節的開頭改成「譬喻是直覺手法中的凱文‧馬丁（Kevin Martin），一下子就能推出最接近圓心的石壺，改變根深柢固的觀點與行為」，那麼除非你是冰壺迷，不然你八成會一頭霧水。（此處無意冒犯綽號「老熊」〔Old Bear〕的馬丁。他是史上最偉大的加拿大男子冰壺運動員。）

譬喻的力量特別大，因為譬喻能引發超越語言的認知處理活動，利用受眾納入影像、聲音、感知與氣味的心智地圖。舉例來說，一朵花盛開的圖像，有可能是在譬喻個人成長、發揮完整的潛能；風拍打船帆的聲音，有可能譬喻自由或旅行；熱香料蘋果酒的氣味則是秋天。這種力量橫跨產業，不限於消費品。

美國有相當多的病痛源自患者不願意遵守醫囑，美國的健康照護體系因此付出龐大的代價。換句話說，不是每個人都會依據應有的方式與劑量按時服藥、讓健康好轉。此外，人們也不一定會遵守醫生的建議。

在美國，沒好好吃藥佔了每年25%的住院病例，並導致12萬5千人死亡以及五成的治療失敗。只有大約一半的慢性病患者會按照醫囑服藥。氣喘與慢性阻塞性肺病（COPD）患者的吃藥配合度，最高可達78%，最低則只有22%。令人難以置信的是，就連碰上癌症這種攸關生死的疾病，人們也不一定會遵從醫囑。

現實就是：人們不喜歡吃藥。藥丸負擔（pill burden）[*]是真實存在的問題。此外，現代人崇尚天然，會把含有化學成分的產品踢出食物收納櫃，也難怪患者不肯吃藥。然而，這會有兩個問題。一、很多時候，按照醫囑吃藥是健康的關鍵；二、不按照指示吃藥的代價十分可觀，納稅人與整個健康照護體系每年因此付出5,484億美元。

為了改變不吃藥的行為，醫學界、健康照護產業與大型顧問公司幾乎什麼方法都試過了。醫護人員花樣百出，不只製作教學影片，還提供衛教、警訊、設置提醒鬧鐘，並在藥丸包裝貼上

---

[*] 譯注：指需要定期服用的藥丸過多，難以下嚥，也容易搞錯、產生藥物交互作用的問題。

貼紙留言。然而，納入3萬4千多名患者、針對健康風險溝通干預措施的115份研究顯示，這類做法很少出現明顯的成效；從整體的評估來看，干預效果頂多只能說是好壞參半。原因很容易理解：他們用的每一個方法，全都在試圖說服意識腦做出自身抗拒的事，卻沒從改變直覺行為著手。這裡，譬喻可以派上用場。

2008年的另一項研究與其他研究相當不同。使用譬喻後，患者的行為明顯不一樣。這個成功的案例不是要叫人好好吃藥，而是試圖改善人們更不肯聽話的健康毛病：抽菸。說到改變抽菸的行為，傳統做法就是你想得到的那些——給人看肺部壞死的畫面與罹癌的後果，解釋如果繼續抽菸的話，壽命將減少多少年。這一類叫你直視問題的典型技巧，在過去一直缺乏建樹。

另一方面，幫抽菸者做肺功能量計檢查（spirometry breathing test），告知他們的肺活量與呼吸功能情形，或是進行其他檢查、測量他們的呼吸速度，同樣也無濟於事。人們聽不懂那些科學語言在講什麼，覺得沒差；至於那些恐怖的黑肺照片，則令人感到事不關己。要是沒有任何大腦能理解的熟悉事物，人們完全聽不進衛教訊息。

然而，那項2008年的研究，讓吸菸者得知自己的「肺部年齡」。肺部年齡是種簡單的譬喻，代表受試者的肺功能有多好。負責這項研究的臨床醫師這次沒忙著解釋科學知識，而是告訴受試者他們的肺等於多少歲，例如某位20歲的受試者得知自己有40歲的肺，某位60歲的受試者則得知他的肺像75歲。你猜結果如何？奏效了。這項研究成為鳳毛麟角的成功案例，戒菸率出現顯著差異。不過，有個問題很重要：為什麼這項研究辦到了？

09 拋下行銷漏斗　　229

得知自己的肺部年齡，效果大過得知肺的實際情形。請想一想，20歲的人想要被說長得像40歲嗎？用象徵法形容吸菸者的肺，效果大過如實以告，因為能利用關於老化的現成神經路徑。與其解釋什麼是肺功能量計檢查或呼吸速度，或是給你看別人的肺部照片，用年齡說明一聽就懂，而且切身相關。

由於這個方法，戒菸率整整提升了一倍，從6.4%變13.6%。受試者不需要學任何新術語，也不必試圖想像自己是另一個人。路已經在他們腦中鋪好了，因此能衝破地球上最頑強的自我毀滅行為。從這個角度來講，譬喻或許是最厲害的成長觸發點，真的能救人一命。

幽默

除了譬喻，幽默這個方法也能化解抗拒、快速建立連接組。不過，看看Quiznos潛艇堡與彩虹糖2023年的超級盃廣告就知道，不是隨便講個老笑話就行了。今日的行銷溝通中見到的幽默，大都是不必要的：不相干的無聊幽默、為幽默而幽默、試圖跟上文化潮流但與品牌本身無關的幽默。這些幽默全都只會左耳進、右耳出。

如同行銷與廣告專業人員有時會誤以為，只要有創意就能有效賣出東西，幽默有時只被拿來博君一笑。雖然端出來的東西或許真的好笑，但通常會被忘掉或無關緊要。你在展現幽默時，要把你提供的好處連結至目標受眾，或是凸顯出你與競爭者的差異。要不然的話，你帶來的聯想會不夠黏著，無法留在大腦裡，讓品牌連接組變大。

幽默的最佳用途之一，就是打擊你的對手。如同一元刮鬍俱樂部的杜賓指出，對手的產品功能有多麼畫蛇添足、抬高售價與無關緊要，讓觀眾會心一笑（這是幽默的有效用法），幽默也經常在政治辯論中發揮很大的效用。

舉例來講，2023年的第一場共和黨初選辯論中，八名候選人都火力全開、唇槍舌戰，但南卡羅來納的前州長妮基．海莉（Nikki Haley），留下最令人難忘的一幕。台上其他七人全是男的，只有她一個女性，看似居於劣勢，她卻反將一軍。辯論到一半時，其他七名候選人幾乎全提高了嗓子，試圖壓過彼此，吵吵鬧鬧，現場一片混亂，幾乎不可能分辨誰說了什麼。主持人布萊特．拜爾（Bret Baier）請海莉回答下一個問題時，她拋出時機絕佳的幽默：「布萊特，我想說的是，這就是為什麼柴契爾夫人會說：如果你需要一張嘴，那就找男人；如果你要事情能辦好，那就找女人。」觀眾哄堂大笑。

1984年的總統辯論，一方是當時74歲的現任總統雷根（Ronald Reagan），另一方是當過副總統的孟岱爾（Walter Mondale）。雷根被質疑是否年紀太大，不適合當總統。他如何回答？「我不會在這場選戰中，把年齡當成攻擊的主題。我可不會為了政治目的，利用對手年輕沒經驗的弱點。」就連孟岱爾本人都忍不住笑出聲，但他笑个了多久──雷根在那一年的選舉，取得壓倒性的勝利。

幽默被當成修辭學手法時，也能帶來和譬喻類似的效果，做到光憑事實或數字做不到的事，刺激大腦吸引你，在你的連接組留下持久的印象。幽默和譬喻不同的地方在於我們「聽懂」笑話時，我們會感到自己是群眾的一份子，和說笑話的人拉近距離。那就是為什麼幽默是特別有力的政治工具。政治人物想強調的重點會因為幽默更容易被記住，而且笑了之後，我們更會站在他們那邊。

不過，只是讓人發笑、卻沒傳達重點的那種幽默，是無用的幽默。如果能把幽默當成抨擊對手的捷徑，或是突出某項好處或專業能力，你的訊息黏著度會更高，更快滲透進記憶結構，幾乎是立刻就能帶來顯著性──這可不是在說笑。

※ ※ ※

行銷漏斗盛行了一百多年，足以證明這個理論有多麼根深柢固。如同其他許多的意識行銷手法，漏斗概念讓行銷人員分心，沒去做真正需要專注的事：建立品牌的實體足跡。漏斗階段是不必要的。如果你運用了正確的代號與提示，並建立足夠的正面聯想，直截了當在直覺層面連結至受眾，便能一下子驅使人們選擇你的品牌。

不論是直接面對消費者的公司、成功的政治人物，甚至是健康照護，只要看看實際的例子就知道，顛覆者能在短到不可思議的時間內，一下子就建立品牌連接組。譬喻與幽默絕對能在過程中幫上忙，不過前提是要能堆疊正面的聯想，連結至生活中人們在乎的接觸點。你其實不必千辛萬苦走過漏斗的各個階段──如果做對了，幾分鐘內就能獲得顯著性。

10
打造不朽的品牌

直覺規則：沒有所謂的「品牌生命週期」。只要妥善呵護品牌，就能千秋萬代。

2020年3月，新冠疫情的報導風向出現轉變。那個冬天，美國起初只覺得是遙遠的病毒，位於武漢，一座多數美國人一輩子沒聽過的城市，但事態逐漸明朗，新冠病毒嚴重威脅到美國的健康與安全。不久後，居家隔離、強制戴口罩、打疫苗等措施紛紛出籠。然而，那年的早春，多數人還弄不清楚狀況，試圖了解這一切的大規模推行意味著什麼。學校、辦公室與餐廳開始關閉，但超市等基本民生用品店繼續開放，不得不在員工安全與顧客需求之間取得平衡。

沃爾瑪是其中一間需要取得平衡的企業。沃爾瑪是全美最大的食品雜貨商（市佔率達25%），也是最大的零售商，在美國各地有近4,700間分店，海外有近5,300間分店（更別提旗下還有近600間山姆會員店〔Sam's Club〕）。在前景未明的時刻，沃爾瑪至關重要，提供民眾最需要的物資，從食品雜貨到捲筒衛生紙、肥皂、洗髮精與清潔用品等，也持續供應乾洗手。白宮在3月16日宣布新的社交安全距離指南時，沃爾瑪立刻動起來。

在這個銷售有可能一落千丈的時期，沃爾瑪在疫情中的表現將被史書記載為最佳實務。沃爾瑪改變營業時間，開始提早打烊，在晚上進行徹底的店面深度清潔，由特別「清潔團隊」負責額外的消毒，並裝設乾洗手機，提供顧客與員工消毒紙巾。此外，沃爾瑪也是率先在結帳櫃檯裝設壓克力隔板的大型零售商，還提供長者的專屬消費時段，方便高風險人口遠離人群。其他措施還包括限制每次入場的顧客人數、在地上貼標示鼓勵保持社交距離，並提供員工免費的遠距醫療約診。

同一時間，沃爾瑪的電子商務業績暴增。2020年4月，美國的零售整體下滑16.4%，210萬人失去工作。沃爾瑪的電商銷售則**成長74%**。顧客大量利用這間連鎖超市的送菜服務與路邊提貨方案。銷售激增後，沃爾瑪雇用了23萬5千名新伙伴。隨著疫情逐漸平息，沃爾瑪的電商銷售仍持續成長，2023年第一季的線上銷售較去年同期上揚27%。

不過，沃爾瑪最令人印象深刻的地方，是在疫情中摸索出別家公司做不到的事──抓到正確的發言基調。大部份的廣告重複著陳腔濫調，總是在講「新常態」，把焦點放在「前所未有的時代」與不確定性。沃爾瑪的訊息則完美混合安全與前進。沃爾瑪重視安全，採取配套的防疫措施，向民眾保證到店內購物不會感染新冠病毒；此外，沃爾瑪同樣強調前進，鼓勵購物者照常過生活。沃爾瑪在2020年5月宣布這則雙重訊息，反映在疫情期間最強而有力的廣告:「讓美國安全的繼續生活。」

讓沃爾瑪連接組得以在疫情期間成長的正面聯想,延續了沃爾瑪原本就家大業大的實力。沃爾瑪自1962年在阿肯色州成立以來,成長五十年,成為美國最大的民間雇主,大約雇用160萬名伙伴(associate,沃爾瑪稱呼店內員工的方式)。沃爾瑪2023年的營收是6,113億美元,較前一年增加近7%,連續十一年位居《Fortune》五百大企業的榜首。不過,零售雜貨的王冠會落在誰的頭上,從來都不是百分百確定的事。

在過去這些年,沃爾瑪也有受挫的時刻,2000年代初期尤其低迷。當時的沃爾瑪被批評工資低,也沒提供員工平價的健康照護。此外,沃爾瑪佔地遼闊的超級購物中心與溫室氣體足跡也對環境造成衝擊。

不過,沃爾瑪直接面對這些事出有因的批評,削減負面聯想,並用正面聯想覆蓋過去,例如沃爾瑪2011年的全球責任報告(Global Responsibility Report)指出,沃爾瑪已經讓店內販售的地方農產品增加97%,還阻止店內80.9%的廢棄物被倒至垃圾掩埋場。此外,沃爾瑪也逐漸提高最低工資,包括2023年一口氣從12美元提高至14美元。

沃爾瑪還設法透過卓越中心(Centers of Excellence)等計劃,減少健康照護成本,將員工連結至治療各種病症的醫療機構,包括背痛、不孕與癌症。沃爾瑪大部份的醫療計劃讓員工能接受許多免費的治療。

沃爾瑪有如零售業的拳手洛基,臉上挨過許多拳,被直言早該掛了。自公司成立以來,即使碰過各種法律糾紛、數度衰退，卻都挺過來了。沃爾瑪是如何辦到的？沃爾瑪和寶僑很像，採取「演化」的心態，搶先適應潮流、持續改善，並針對顧客的欲望或問題找出快速處理的操作流程。這裡的關鍵詞是「操作流程」。在疫情期間，要讓旗下近1萬1千間分店全數做出攸關消費者的重大改變，而且不能出錯，絕不是什麼簡單的事。沃爾瑪能在困難時刻成長、展現韌性，並不只是碰運氣。

如果你的品牌塑造能力很強，人們會跑進你的店；然而，如果營運跟不上，人們會離開。如果你品牌弱但營運強，你能提供優秀的產品或服務，但人們不會記得你的名字，導致成長出問題，很難吸引到新的使用者。沃爾瑪等全球的頂尖品牌給人很好的印象，**而且**實際的營運也符合那些印象，兩者相輔相成，萬事大吉。

沃爾瑪等品牌完全推翻所謂的「品牌與產品的生命週期」（brand and product life cycle）。這個經典的行銷概念因1967年的《行銷管理》（*Marketing Management: Analysis, Planning, and Control*）而永垂不朽，頂尖大學的大學部與研究所的商管課程，以及大型的企業，至今仍在教這個概念。生命週期包含導入期（introduction）、成長期（growth）、成熟期（maturity）與衰退期（decline）等四個階段，成為公認的商業原則，有的人甚至會稱之為教條。

生命週期理論說，品牌主要在導入期或問世時增加最多的市佔率，因為快速打入通路，受到早期採用者歡迎，接著在成長期有能力砸更多錢擴張。品牌在這頭兩個階段，力量與健康度都處於高點。

然而，生命週期理論主張，隨著品牌成熟，成長必然會趨緩：銷售在達到高峰後開始下滑，最終不得不退場。如果時間是X軸，銷售是Y軸，那麼生命週期一般呈鐘型曲線；導入期位於左下方底部，成長期是往上爬的那一段，成熟期是接近頂點的地方，此時成長放緩、持平，衰退期則是降至右下方的曲線。

然而，如同許多過去的行銷規則所依據的理論，生命週期也是迷思。生命週期的概念不僅不符合科學，還會因為所謂的品牌已經成熟，被視為缺乏投資與持續成長的潛能，導致錯過機會。品牌沒有理由過了成熟階段，就不能持續成長、繼續往上走。品牌又不是人，沒有有限的壽命；品牌不會頭髮花白，也不會得骨質疏鬆症、關節炎或阿茲海默症纏身。沒錯，如果品牌沒獲得妥善的照顧，業績有可能衰退，但那不是命中註定的結局。如果細心照料，品牌能一直活下去。

想一想已經存在百年以上的品牌：卡夫食品（Kraft Foods）、福特、繪兒樂（Crayola）、Aqua Velva、哈雷機車、里昂比恩（L.L.Bean）、Nikon、塔吉特百貨、可口可樂、傑西潘尼、惠而浦、卡哈特（Carhartt）、波音、強鹿（John Deere）、奇異（GE）、艾可飛（Equifax）、UPS、家樂氏、嬌生、菲爾森（Filson）、GMC、道奇（Dodge）、紅翼靴子（Red Wing Boots）、萊爾德（Laird & Company）、凱迪拉克、肖特（Schott）、雪佛蘭、林肯（Lincoln）、柏布斯釀酒（Pabst Brewing Company）、皇家芝華士（Chivas Regal）、百威（Budweiser）、別克（Buick）。更別提有的品牌至少有**兩百年**歷史，包括高露潔、布克兄弟（Brooks Brothers）、尊

美醇（Jameson）、雲嶺啤酒（D.G. Yuengling & Son）、哈潑（Harper）、金賓（Jim Beam）、Ames、杜邦、迪克森‧提康德羅加鉛筆（Dixon Ticonderoga）。

這些百年品牌或兩百年品牌都值得喝采，但他們做到的事，不是只有他們能做，**任何公司**都能避免衰退，擁有一百年或兩百年的歷史，因為銷售衰退與品牌的年齡毫無關聯。真正有關係的是不斷累積的負面聯想，最終壓垮品牌、阻斷成長。

生命週期理論怎麼會錯得如此離譜？傳統的行銷人員如何得出這個結論，其實很好理解。如同其他所有意識型的行銷原則，生命週期理論奠基於表面的觀察。當然，如果你追蹤品牌與產品一段時間的成長率，總會有慢下來的時候。此時在生命週期理論支持者的眼中，代表品牌老了。然而，那不是完整的故事。支持者觀察到的是**相關性**，而不是因果關係。

成長變慢與品牌幾歲無關，而是因為失去顯著性。在企業領袖沒察覺的情況下，負面聯想在他牌使用者與非使用者的腦中累積，他們因此不理會你的行銷。領導者沒能意識到負面聯想正在侵蝕品牌成長，因為根本沒追蹤。雖然有部份的行銷專業人士認為，品牌能透過增加新用途或延伸產品系列來延長生命週期，但他們沒意識到拖累品牌的負面聯想會帶來的衝擊。當你知道累積了哪些負面的記憶，就有辦法改變生命週期曲線的形狀。

百年品牌與兩百年品牌能持續成長，是因為如同沃爾瑪的例子，一出現負面聯想就立刻解決，不會只在心中祈禱事情會過去。他們會加上新的正面聯想，壓過負面聯想，並持續適應不斷變化的社會環境與文化環境，但同時也不忘本。

聽起來很難辦到?除非你沒關注潛意識腦,事情才會難辦。前文提過,若負面聯想在大腦路徑中累積,使連接組的負面部份超過正面,此時才會很難搶到新顧客,成長變慢。現在你已經知道,負面聯想一成為品牌的一部份,就得立刻移除,否則負面聯想會變成愈來愈大的累贅,很難切割,有如枯葉拖累了整棵樹。

如同漏斗理論沒反映出品牌如何在腦中成長,生命週期曲線也沒有反映出品牌如何隨著時間成熟。你的品牌能一直活下去,持續成長、成熟,並獲取新顧客、持續滲透。有了這樣的壽命與成長,代表真正獲得了直覺優勢。然而,如果沒能擺脫負面聯想,你將摔下生命週期曲線的陡坡。好消息是,有辦法避免這種下場。雖然人無法長命百歲,但品牌可以。

革命與守舊都很危險

要是沒配合出現轉變的環境與顧客需求,持續調整品牌,品牌就會失去相關性與顯著性。然而,知道該改變多少(或是哪些要變、哪些不要變)將決定成敗。

基本的經驗法則是盡量做最小的變動,例如DBA變老的時候,與其完全放棄,不如加上額外的聯想與新的意義。一邊留著既有使用者的關鍵驅動力,一邊加上新的正面聯想,讓成長目標顧客能放心換成你的牌子。

此外,絕對不要為了變而變。你要變的,只有讓成長目標顧客倒胃口的事;拿掉那些,讓成長目標顧客選擇你。簡而言之，品牌需要維持原來的品牌。如果你改變核心定位，人們會認不出你。更糟的是你會開始顯得假假的，這種事消費者大老遠就聞得出來。

很不幸，許多公司在改變品牌的定位、訊息、DBA與LOGO時，心態過於隨意，因此經常失去品牌意義，有時還喪失品牌識別。那些公司在試圖改善品牌、讓品牌維持新鮮感與興奮感的時候，反而不小心傷到品牌。我們稱這種公司為「革命派」。樂觀偏誤害了他們，新外貌、新點子或新潮流讓他們沖昏了頭。別人說什麼是最新的東西，他們就覺得那樣好，頻繁更改品牌代表的意義。

這類公司魯莽的跳進改變的海洋，沒意識到浪濤之下是什麼——退潮會把品牌吸進去，讓他們消失在海中，溺水而亡。改變太多不僅會讓原本的顧客不好找到你的品牌（以純品康納的例子來講，甚至認不出來），還會讓他們覺得被拋棄。品牌所有者的職責，將是保護存在於既有顧客記憶中的內隱意義與資產，維護它們在促成選擇時扮演的角色。要是沒了這些關鍵的路牌，你會失去品牌的基本精神，既有顧客跟著流失。

以前叫Facebook的Meta，就是這類改變的受害者。這間公司為了跟上人們對五花八門的科技、數位與虛擬實境（VR）日益增長的興趣，用力過猛。創辦人兼執行長祖克柏（Mark Zuckerberg）在2021年宣布Facebook更名為Meta，反映出公司打算在接下來的歲月，專注於「元宇宙」（metaverse）。

如果你有追蹤這則新聞，疑惑為什麼要這樣重新定位，你並不孤單。克絲汀・馬丁（Kirsten Martin）是聖母大學門多薩商學院（University of Notre Dame's Mendoza College of Business）的科技倫理教授。依據《Forbes》的報導，她用強硬的措辭批評這次更名：「Facebook高層並未證明，他們在真實世界的產品值得信任，所以誰知道我們為什麼該在虛擬世界相信他們。」除了這樣的批評，更多的是包括Facebook的使用者在內，大部份的人都在問：「什麼是元宇宙？」今日很多人還是搞不清楚。

雖然有不同的解釋，但元宇宙基本上包含由虛擬實境擴增的線上數位世界，誘人程度強到令使用者無法將這個虛擬世界與真實世界分隔開來。有的分析師估算，Meta從社群虛擬實境平台起步，投入50億美元開發、進入元宇宙。到了2023年，數十億美元花下去了，但元宇宙還是沒能成真。當然，只有時間知道這會不會成功，但隨著ChatGPT以及人們對AI的興趣在同一年大爆發，元宇宙似乎被更新穎、更有形可見的重大科技發展給擠到一旁去了。

雖然這件事可以解釋成人們的注意力被「燒燙燙」的新事物吸走，但實際發生的事是祖克柏冒險革命，沒有循序漸進演化。如果他當初讓Facebook的品牌更直接連結至元宇宙的概念，那麼品牌連接組會獲得強化，進一步成長，推出令人興奮的新面向。他將能運用Facebook關於友誼、家鄉社群與連結的正面聯想，同時又添加Meta的高科技聯想，帶來更平衡的連接組──虛擬科技宇宙的美妙之處源自於人，源自你認識的親友帶來的安心感。但就目前的情況來看，元宇宙尚未展翅起飛就可能消失。

雖然掀起品牌革命是毀掉品牌最快的方法，但另一個極端也同樣危險。姑且稱這個極端為「守舊派」好了。守舊派傾向於死死抓住過去的定位不放，不敢有絲毫偏離，也不敢加上新面向。守舊派只專注於核心顧客，相信自家的品牌權益永遠牢牢深植人心，所以不能變也不該變。然而，儘管這些領導者強調自家品牌「真正的DNA」，但他們一般沒有太多證據能證明，那些DNA真的能讓消費者死忠或是能有效吸引新使用者加入。

如果你是守舊派，你會讓品牌保持原樣，不敢偏離最初代表的意義。守舊派公司通常不清楚自家品牌在外人眼裡是什麼樣子，只知道像母獅護著幼崽一樣，不惜一切代價，保護**他們心中的品牌DNA**。

這種心態走到極端時，品牌有可能死氣沉沉，因為領導者過度專注於既有的顧客與定位，擔憂任何讓品牌演化、引進新顧客的事都有可能傷到在既有顧客心中的印象，也因此就算品牌變得乏人問津，他們也會拒絕做任何改變，不管多小都不可以。

此外，守舊派的行銷人員認為品牌只能代表一件事。他們不懂其實有辦法疊加新訊息，但不會失去品牌識別。守舊會導致食古不化，有如一棵樹硬是直挺挺的立在龍捲風經過的路徑。

所以說，雖然不能讓品牌永遠在趕時髦，一下這樣一下那樣，但也不能一成不變。你要追求的目標不是革命，也不是守舊，而是持續演化——既要守住品牌識別與價值觀，也要與時俱進。

相較於傳統派與革命派，我們稱這樣的品牌為「演化派」。在改變的光譜上，演化落在「剛剛好」的中間，兩側則是革命與守舊。變得太少,對你的品牌感到遲疑的潛在顧客沒有理由加入;變得太多——180度大轉彎——你會令人感到很像假的,老顧客也認不出你,而這幾乎永遠會導致原本的顧客離開。如果要吸引到成長目標客群,品牌就必須保住出名的正面聯想,但也漸漸持續演化,移除讓成長目標裹足不前的路障。

演化與成長的公式

簡單來講,演化就是照顧連接組,讓品牌保持新鮮、新穎與活力。雖然品牌不會實際變老,但一個不小心,品牌就會變得不健康。因此,你必須隨時保持警惕,永保品牌的安康。如果能處處小心呵護,品牌就有機會持續發展、演化與興旺,永生不死。幸好這個過程不是猜謎遊戲,有一條證實有效的簡單公式,能在每一個變動的時代,替品牌注入新生命,那就是:「留住、停止、增加。」(Keep, Stop, Add)

留住:強化正面聯想。道理如同大腦和肌肉要多動才能變壯,你也必須「鍛鍊」品牌的記憶結構,維持其健康。你必須**留住**現有的使用者與非使用者對品牌的正面聯想,不能假設每個人都認識你的品牌或知道你的品牌代表什麼。你必須反過來假設非使用者對你**一無所知**。

持續強化品牌的正面聯想(例如好處、專業、創始故事、DBA)後,潛在顧客的品牌連接組會成長,包括沒有從小接觸你的品牌的新世代。強化品牌的正面聯想也是你讓品牌演化的時候,確保老顧客會留下的關鍵。

簡而言之,用進廢退。如果你小時候學過鋼琴,但二十年沒練習了,那麼再次按下琴鍵時,你會感到笨手笨腳。先前讓你能看懂樂譜、發送訊息給手指、讓手指知道該如何移動、要往哪擺的神經路徑連結,在二十年的歲月裡已經弱化或完全消失。品牌的正面聯想也是同樣的情形。

停止:鏟掉負面聯想。你必須**停止**累積負面聯想,否則它們會變成障礙,導致新顧客不選你的品牌。不過,要移除的話,你得先找出來。傳統的研究或屬性調查不會告訴你答案。當然,那種方法可以找出品牌的**意識層面**的障礙(例如人們不喜歡飲食含有人工成分),但這種事你八成早就知道。真正會拖累品牌的負面聯想,是那些你**不知情**、隨時間自行出現的聯想。這種聯想很細微,通常與某個形象或某個人有關,唯有透過內隱研究才找得出來。

內隱研究會揭曉人們對你的品牌產生的認知連結(通常是誤解),那種你永遠想像不到的負面敘事。這份理解將帶給你力量,畢竟如果你連要對抗什麼都不知道,又如何能替品牌制定策略?停止在不經意間強化負面聯想的所有溝通,轉換成正面的聯想,讓受眾專注於真正重要的事:品牌的美妙之處。如同不吃高脂食物或戒菸能改善體質,擺脫負面聯想可以改善品牌的健康狀況。拔掉負面聯想的雜草後,正面聯想就能有良好的生長環境。

新增:打造成長觸發點。光是強化既有的正面聯想、用正面聯想壓過負面聯想,只能有一定的效果,因此還得「新增」。品牌要持續演化的話,就必須**新增**能讓成長目標顧客接受你的正面聯想。此時成長觸發點是最快的方法,有如替品牌注射一劑維生素B12，補充精力、活力與生命。

前文提過，認知捷徑能把正面聯想注入潛在顧客的品牌連接組，使其得以成長、顯著性增加。不論是瓶裝水類別的雪山、速食店早餐加現煎的雞蛋，或是爹地用嬰兒洗髮精照顧孩子，認知捷徑就像超級食物，富含能讓大腦茁壯成長的營養素。一旦加進現有的品牌連接組，成長觸發點就能讓新路徑萌芽成長，以更快的速度，增加品牌在潛在顧客腦中的實體足跡。

公司必須記住「留住、停止、新增」這個新口訣，才能讓品牌長短期都健康。強化人們原本就看重的正面聯想（留住），消除負面的聯想（停止），增加會讓潛在顧客選你的新聯想（新增），就能提高滲透率、降低流失率——這是萬無一失的高成長訣竅。

學習如何一邊克服新顧客腦中的障礙，一邊又留住老顧客，還有一個附帶的好處：你將被迫不斷演化，提高公司的標準。不過，前提是你在「留住、停止、新增」的時候，在新舊聯想之間找到平衡。成功的百年品牌大都做到這點。

寶僑是好例子。寶僑的行銷人員高度保護品牌權益，例如旗下的汰漬、Charmin與Bounty，但他們也持續更新訊息與形象，不斷創新，以滿足消費者趨勢出現的變化。在此同時，他們保留公司史上有助於建立品牌的珍貴DBA。

雖然寶僑人員其實還能多做一點，吸引到某些客群，例如千禧世代的一家之主，或是追求天然的消費者，但寶僑持續耕耘寶貴的品牌連接組組合。這間創辦於1837年的公司以生產肥皂與蠟燭起家，卻在世世代代的消費者心中一直維持著驚人的相關性，2023年的營收接近810億美元，比2022年增加3.5%。

能抵擋時間考驗的品牌，成功做到不斷強化消費者腦中自家連接組的深刻記憶與聯想。舉例來說，那就是為什麼寶僑的捲筒衛生紙品牌Charmin，以及「Charmin超柔」和「Charmin超強」兩個子品牌，在美國仍是今日最暢銷的十大捲筒衛生紙。另外，Bounty也一直是紙巾第一名。許多消費者可能根本不知道，它們都是寶僑的品牌，但由於這些暢銷品牌在**所有人腦中**（而不只是一部份人）的規模與顯著性，消費者照樣感到十分熟悉。這種程度的家喻戶曉不是偶然，而是來自持續告訴新世代的消費者這些品牌有哪些好處與專業，不斷讓連接組成長，也因此能不斷延長品牌壽命。

數位品牌萎縮

如同負面聯想，另一股隱藏的力量也會侵蝕品牌健康。在今日的數位世界，內容為王，而那股力量正是這種世界的產物。今日的品牌感到有必要和螢幕另一頭的受眾，二十四小時全年無休的對話。由於品牌必須在極短的策略開發時間內，提供排山倒海的內容，結果就是品牌不幸偏離了核心訊息與定位，喪失公式中「留住」的元素。

為了每天都有新東西可講，受眾通常會接收到與品牌離題的資訊，品牌的好處與專業因此被稀釋或變得模糊不清，有些訊息甚至相互矛盾。這種分散在各種數位管道，東一點、西一點的訊息，摧毀了品牌識別的統整程度，導致我所說的「數位品牌萎縮」（digital brand atrophy）。

消費者腦中的品牌識別分散度愈高，品牌心佔率就會逐漸縮小。這不僅關係到品牌的健康，也是關鍵的商業議題。品牌聯想的消失與瓦解，直接與營收成長和市佔率下滑有關。雖然這種現象在21世紀之前就有了，但Web 2.0的到來讓這種現象大幅增加。在Web 2.0的環境裡，受眾區隔與平台碎片化，導致人們一整天接收到非常不同的品牌訊息。由於不同的網站、app與社群媒體平台上，有太多四處亂竄的訊息，導致品牌逐漸喪失能力，無法建立一致的品牌訊息溝通，難以有效與消費者連結。

在所有會傷害品牌成長的問題中，最致命的或許是數位品牌萎縮，因為這會對品牌壽命造成最大的威脅。健康的品牌是聚斂的（convergent），當品牌在不同人心中代表不同的意義，品牌便不再是一個品牌。數位廣告營收在2003年僅73億美元，這可以理解，畢竟人們才剛開始上網；然而，數位革命近在咫尺，很快的，從工作、通訊到交易，再到中間的每一個環節，網路改變了我們每天的生活方式。也難怪2021年的數位廣告營收已經暴增至1,893億美元，而今日56%的行銷預算都被撥給數位管道。這樣的演變沒什麼不對，畢竟我們住在科技發達、愈來愈數位化的世界；然而，這樣的進展也導致我們散布、接收訊息的方式變得零碎化。

三十年前，美國人全坐在客廳裡，看著相同的七個電視頻道。即便是不同城鎮、另一座城市，另一個州，大街小巷還是看著一樣的東西。從新聞、娛樂與整體的資訊來看，這種共同的生活帶來相同的參考座標與價值觀。我們收看相同的三十秒廣告、相同的節目、相同的晚間新聞，就好像全美的人手牽著手；或許沒到唱起露營歌〈歡聚一堂〉（Kumbaya）的程度，但至少事實是什麼，眾人是有共識的，大家都活在線性的世界。然而，那種年代已經過去了。

隨著人手一部數位裝置，成千上萬的訊息在不同時間從不同裝置湧進來。在這個年代，我們甚至會看到專為我們打造的個人化訊息。內容生成變成永無止境的迴圈，永遠有訊息冒出來，使品牌感到不得不每天跟著湊熱鬧，以免被排除在對話之外。

品牌罹患嚴重的行銷錯失恐懼症。為了維持幾乎是永不停下的對話、抓住救命的稻草，品牌不肯放過任何的連結機會──真的是**任何事**都不放過。這麼做經常導致品牌遠離真正該傳遞的訊息，也就是品牌究竟有哪些好處或功能等等；消費者只收到勉強相關的訊息，甚至是毫不相關。結果是什麼？結果就是消費者不曉得你的品牌代表什麼，或是不知道要怎麼用。不僅很難抓到你跟別人有什麼不同，也不清楚何時要用到你。

在這樣的過程中，創意人員疲於奔命，只能有什麼就拋出什麼。麥克‧法默（Michael Farmer）是法默顧問公司（Farmer & Company）的董事長與執行長，也是貝恩策略的前伙伴。他解釋自己的某個廣告公司客戶，在1992年由50名創意人員完成了380個可實行的創意與策略，380個全是原創的作品。換算起來，每位創意人員每年大約提出7.6個。二十五年後的2017年，在同一間廣告公司類似的辦公室裡，50名創意人員要完成1萬5千個可實行的策略，其中1萬3千個「改編」自先前發想的作品。工作量暴增使每位創意人員每年要在各種媒體平台上交出

300個成果，包括社群媒體文章、數位廣告與電子郵件群發等等。

在這種爆量的專案要求下，每則內容自然不可能經過太多思考；基本上，創意人員與品牌被迫胡亂灑網，抓到什麼是什麼。他們的問題從「我們需要做什麼，才能讓品牌前進」，變成被迫問：「我們需要做什麼，才能火速把這些東西全拋出去？」

在情境喜劇《我愛露西》（*I Love Lucy*）中，有一集露西慌亂包裝生產線上的巧克力糖。行銷人員和創意人員有如露西，手忙腳亂試著搶先輸送帶一步，以飛快的速度不停貼文。整個流程變成專注於拚產量的裝配線，導致很少有品牌訊息真的能留在消費者的記憶裡。

這種做法顯然不會帶來整合的品牌識別——就是不可能。當你試著每分每秒都在貼文，你分享的資訊可能只和產品或服務有著薄弱的關聯。這種情形有如往池子裡丟石頭，漣漪會擴散出去，離品牌中心愈來愈遠，讓你慢慢脫離品牌識別。

當你試著讓裝配線一直跑下去，關鍵的訊息、好處與「相信的理由」（顧客為什麼該相信你的品牌承諾）開始站不住腳，或是變得模糊。如果你沒讓明確、一致的訊息進入消費者的記憶結構，人們會**自行**替你的品牌編故事，產生誤會。

連接組有可能正在成形，但更可能是按照消費者對品牌的解讀，而不是公司想要傳達的特定正面聯想與品牌形象。《Fortune》五百大品牌過去十年的跨產業綜合分析顯示，今日的品牌連接組愈來愈被消費者的敘事取代。那些敘事是消費者自己認為的，而且通常想錯了。由於品牌代表著什麼，人們並未接收到一致的訊息，於是自行連連看就經常得出錯誤的結論。品牌的DBA、形象與專業能力，更不可能留在腦中或被理解。原因很簡單，由於品牌領導者讓敘事與形象零碎化，分散在不同的管道，行銷因此無法出現成效。

品牌需要確保消費者腦中的訊息，的確是品牌想傳遞的事。如果要做到這點，品牌不只需要品牌手冊，還必須擬定一套更嚴格的準則，規定哪些訊息、成長觸發點、聯想與DBA能強化品牌代表的事、哪些不能。建立事先經過核准的訊息、成長觸發點、聯想與DBA的配置組合之後，整個品牌就掌握在你的手中，比較不可能偏離。

行銷人員與廣告人員常講：「請給我明確的任務指示，讓我有自由發揮的框架。」這裡也一樣。你愈精確，品牌訊息愈可能口徑一致，但請在必須遵守方針的同時，也給予發揮創意的空間。不論你是一人商店或跨國集團，不論你的事業是數位顛覆者或老品牌，你的準則都要支持「留住、停止、新增」的流程，持續讓品牌演化、成長。建立正確的準則並加以遵守，就能讓任何的品牌延年益壽，不管目前幾歲都一樣。

老品牌的重振效應

關於品牌生命週期，最好的消息或許是有第二次機會——也就是有可能重生。即便品牌犯過一些錯，有一段時間沒照顧品牌樹，還是可以扭轉曲線，再次往上走。老牌子由於擁有過往記憶形成的金字招牌網絡，快速恢復成長的能力特別強。我們稱這種能力為「重振效應」(bounce-back effect)。

然而,你不會從各種企業專家口中聽到這些話。他們聲稱老品牌老了,已經過了黃金時期,永遠不會再有太多成長,所以不該投資。結果就是連最賺錢的大型老牌子,也會成為不受重視的投資組合標的,年輕的品牌則獲得更多關注與資源。事情是這樣的,如果這個小品牌屬於高成長類別,或是有重要的差異點,那麼這種策略有其道理。然而,如果不是的話,那麼老品牌不一定就得因為年齡而退休,也不該被強制退休。

事實上,雖然所有的品牌都能重整旗鼓,但較小、較新的品牌比較難做到,因為它們在人們腦中的根基並不穩固。老品牌有很大的優勢,在大眾心裡擁有累積數十年的回憶,品牌連接組根基穩固,只要加進足夠的正面聯想,就能打破停滯或頹勢。老品牌的根非常粗壯,生長多年,扎進大腦深處。這就像植物一段時間沒澆水,看起來垂頭喪氣,但你一澆水,根吸收濕氣,葉子就會舒展開來,整株植物又活了起來,恢復精神。

以歐仕派(Old Spice)除臭劑與男性美容產品為例,1937年時,舒爾頓公司(Shulton Company)的創辦人威廉・萊福德・舒爾茲(William Lightfoot Schultz)推出產品「早期美國人歐仕派」(Early American Old Spice)。那是一款女用香水,靈感是他的母親在家中擺放的薰香乾燥花盤。隔年,鬍後水與刮鬍皂等男用的歐仕派系列產品問世。當時的產品氣味一直沿用至今。歐仕派的男用與女用產品同樣放上殖民時代的帆船圖案,成為歐仕派的招牌圖像和家喻戶曉的DBA,就連後來男用產品系列也蓋過女用產品系列的鋒頭。男性產品成為歐仕派的品牌識別,那艘

10 打造不朽的品牌　251

船也留了下來。

到了1970年代，歐仕派的行銷策略專注於「男子氣概」這個傳統主題，塑造出對應的品牌人物。在1972年的廣告，一名有點粗獷的英俊水手拿著帆布包跳下船，走在舊金山的街頭。一個沒穿上衣、似乎剛洗完澡的男人從窗戶探出頭。水手拋給他一瓶浮標形狀的鬍後水，男人在臉上拍一拍後，一旁的女伴投以讚賞的眼光。此時旁白聲響起：「在歐仕派中醒來，感受開闊大海的新鮮氣息。」接下來，鏡頭切換到同一名水手走在鄉間的路上，朝農場走去，背景播放著美國西部的撥弦樂聲。水手在經過一名牛仔時，也給了他一瓶鬍後水：「在歐仕派中醒來，感受臉上有浪花，背後有海風。」

歐仕派日後推出除臭劑、古龍水與沐浴乳（最早的男用沐浴乳）等新產品，依然保留陽剛壯漢的聯想，直到1990年被寶僑收購。在寶僑的支持下，歐仕派風光了一陣子，但有一個目標客群就是不肯用：年輕男性。

到了2000年代，這件事開始出問題，歐仕派的市佔率下滑，尤其是輸給Axe這種比較年輕的牌子。原因很明顯：年輕的消費者覺得，歐仕派是自己的老爸和爺爺在用的，讓人感到過時又**老氣**（甚至英文名字裡就有「老」這個字！）。2002年才進入美國市場的Axe等公司則令人感到年輕、新穎與21世紀。老派的牛仔與水手不只屬於過去的年代，甚至是上一個千禧年的事了；歐仕派連帶也給人那種感覺。這種負面的聯想並不直接，沒人拿著喇叭大聲放送，而是悄悄鑽進心裡，直到為時已晚。

至少表面上是如此。

歐仕派的救星登場：歐仕派男人（Old Spice Guy）。從美式足球員轉行當演員的以賽亞・穆斯塔法（Isaiah Mustafa），擔綱演出2010年的歐仕派廣告「你的男人也能聞起來這麼男人」（The Man Your Man Could Smell Like）。那支廣告在該年的超級盃首度登場，一炮而紅。雖然還是有部份昂首闊步的猛男元素，一如歐仕派近四十年前的水手廣告，但這支廣告絕不過時，除了在30秒內毫不避諱的嘲諷歐仕派過氣的形象，還對著新受眾說話：女性。

這波廣告由威頓與甘迺迪廣告公司（Wieden+Kennedy）操刀。他們發現六成的沐浴乳由女性購買，顯然是幫她們生命裡的男性買。「你的男人也能聞起來這麼男人」廣告請女性觀眾先看著螢幕上肌肉線條如雕塑、上半身赤裸的穆斯塔法——有剛洗完澡的他、搭乘巨大帆船的他、沙灘上騎白馬的他——然後再看一看坐在自己旁邊的男人。廣告裡的穆斯塔法指出，她們的男人都不是他，但至少能聞起來像他。如果改用歐仕派，就不會聞起來像「女士的沐浴乳」。

這支廣告立刻引發觀眾共鳴，讓品牌起死回生。廣告甚至引起瘋傳，在播出的第一週有4千萬次觀看。歐仕派的推特帳號追蹤者多了2,700%，還短暫成為史上觀看數最高的YouTube頻道，官網流量也增加300%。

公司的原定目標是沐浴乳的銷售要在2月（廣告首播日期）至5月間成長15%，但歐仕派紅區沐浴乳（Old Spice Red Zone）的銷售較前一年同期增加60%，7月達到翻倍，成為市場上最暢銷的男性沐浴乳。

歐仕派的廣告在運用幽默時，不只是為了引人發笑，而是強調為了另一半而讓自己很好聞的好處，同時運用歐仕派長期以來的海洋主題意象。不過，歐仕派也跟上時代，建立文化關聯性。新廣告裡的人物不再和1972年的廣告一樣，一副自以為帥的樣子，而是換成性感搞笑的代言人，推銷你要為了伴侶而變得好聞，不只是在下碼頭的時候使用。

　　新廣告裡的每一件事都讓人感到好笑，甚至令人興奮，但也沒忘了提到產品很有用。歐仕派憑著有近75歲的連接組，做到擺脫老舊的形象與負面聯想，同時新增能留在受眾腦中的正面聯想。這個典型的「留住、停止、新增」流程，讓品牌得以恢復活力，繼續順利成長。

　　不過，雖然歐仕派成功續命，還是不能待在原地不動。2010年有用的訊息，到了2024年照樣會顯得過時。雖然品牌的核心定位要保持不變，但訊息仍要持續演化，才不會在文化中變得不合時宜。

　　今日的歐仕派端出新花樣，在「男人也需要好皮膚」（Men Have Skin Too）這支廣告，迪昂·柯爾（Deon Cole）責備由嘉貝莉·丹尼斯（Gabrielle Dennis）飾演的女友因為喜歡他的光滑皮膚和他身上的香氣，用光了他的歐仕派沐浴乳。憑什麼女友不該用？暗藏的聯想是男性能做的，女性也能做。歐仕派沐浴乳的香味與舒適感，適合每一個人。

※ ※ ※

　別讓任何人告訴你衰退是不可避免的，這種失敗主義的態度，來自不正確的假設。有一百年或兩百年歷史的品牌，以及即將到達這兩個里程碑的品牌，都證明了成熟不是終點。只要關注潛在顧客的潛意識腦，搶先阻攔任何錯誤的敘事，就能獲得直覺優勢。如果你呵護連接組，留著原本的正面聯想、停止負面的聯想，又增加新的正面聯想，那麼沒人能阻止你的品牌出現過人的成長，而且持續多年。

　請記住：野外最老的樹已經超過四千歲。如果用正確的方式對待品牌，持續協助其成長，沒理由品牌不能永遠長存。

結語
巧用直覺的力量取勝

某《Fortune》五百大企業的行銷長,最近找上我們觸發點公司,討論旗下販售健康零食棒的品牌。過去十年,這個品牌一直表現欠佳,十年間衰退了6%。那位行銷長是從另一間頂尖企業被挖角過來,公司希望他重振這個品牌,讓成長由負轉正。行銷長素有「點石成金」的美名,先前他待過的每一間公司,只要是交給他負責的東西,全會變成金礦。然而,他完全沒料到這次會如此棘手。

行銷長解釋,他們已經按照大型管理顧問公司的建議,進行完整的品牌再造,推廣這種零食棒的「健康益處」。行銷長感到這次的再造很完美,「一切都得天然與有機」似乎是一直在成長的潮流,包括清潔用品、肥皂、個人護理、食品與飲料等等。健康的確是這個零食棒品牌能強打的優點,正好符合今日的口味與偏好。新廣告推出前，已經做過量化測試，找了好幾個焦點團體，獲得「綠燈」推薦。行銷長與公司的其他高層也覺得這次絕對沒問題。然而，新廣告已經推出好幾個月，市佔率仍在下滑。

我們立刻看出問題所在。現在你已經讀完本書，我猜你也知道答案。光有一個驅動力，馬力不夠強大。潛在顧客心中，八成有顧問公司沒察覺的負面聯想。我們研究後發現果然如此，內隱障礙已經在潛在顧客心中發酵多年：假食物、無聊、乏味、缺乏冒險精神，以及能派上用場的時刻有限。我們還發現一次動用三種驅動力的話，就能掃除這些障礙，包括天然美味、全穀的專利碾磨法，以及這個品牌從農夫市集起家的出身。

「天然美味」加上五顏六色的「活潑」水果意象後，令味蕾興奮，解決了這個品牌令人感到無趣的問題。此外，能留住更多胚芽（全穀的營養來源）的專利碾磨法，帶來優秀的產品，移除人們懷疑是假食物的障礙。第三個驅動力則是說明最初的販售地，只在太平洋西北地區熱鬧的農夫市集。這個白手起家的故事補上了品牌原本缺乏的區別度，多了鼓舞人心的面貌。

行銷長的團隊與他們聘請的廣告公司，開始把三個驅動力一起放進所有管道的訊息，銷售幾乎是瞬間就動起來。行銷長大喜過望，但也忍不住疑惑，為什麼頂尖顧問公司得出的結論，和我們觸發點公司截然不同？他們同樣做了大量的消費者研究，研究結果也支持他們提出的建議。非常好的問題，我能理解為什麼令人困惑。

那間顧問公司所做的研究，背後的哲學、方法與結果與我們相差十萬八千里。先前的策略方向沒注意到三個關鍵的永續成長原則。一、原本的建議假設單一優點就能帶動品牌成長,但科學證實要有大量的好處與正面聯想,才能帶來顯著性。

二、那間管理顧問公司所做的研究,背後是傳統的民調研究,由意識腦回答意識型的問題。在此類研究中,各種屬性、好處甚或是概念,很容易拿到高分,但調查結果通常無法預測購買行為。廣告測試也一樣。觸發點研究則除了捕捉傳統的量化指標之外,也能找出我們測試的每一個定位與廣告訊息帶有的正負面聯想。

「健康益處」雖然在許多情境都能奏效,但以這個品牌來講卻有負面的聯想。由於這個品牌的內隱障礙是索然無味,強調具有「健康益處」反而會增強這款零食棒不好吃的聯想。除非監測消費者的潛意識聯想,要不然顧問公司不可能發現這件事。

然而,顧問公司只專注於屬性上。屬性是只有一個面向的後照鏡指標,聯想則是永遠在變的有機故事,將在明日影響你的事業。增加正面聯想能建立記憶結構、拓展品牌的心佔率,屬性則辦不到。要是不了解潛在顧客的潛意識腦裡,對你的品牌有哪些聯想,你只知道一半的故事,另一半的故事則是顧客大腦自行得出的隱藏連結──而這一半的故事最為重要。

最後第三點是顧問公司找的測試對象,是忠誠的既有消費者,他們已經是重度使用者。觸發點公司則找出是哪些障礙讓**潛在的**使用者裹足不前,並打造破除那些障礙的定位。潛在顧客是大上許多的客源,包括輕度使用者與中度使用者,範圍不限於重度使用者。替潛在顧客量身打造定位後,他們能有效帶來更多的銷售量。

結語 巧用直覺的力量取勝　　259

當你運用潛意識腦中隱性的正面聯想，切斷有害的連結，並採用認知捷徑，促成大腦形成新連結，就能改變人們的行為。以實體的方式增加心佔率，便能增加市佔率、打贏選戰、讓人們支持你的理念，進而持續成長。

不論是事業、產品、理念、候選人或點子，我們所有人都試著推銷東西。人人都是行銷人員，用自己的方式在賣東西，而如果你和大部份人一樣，你會懊惱進度沒有想像中快。理由有很多，例如沒砸下夠多的行銷經費、景氣不好、市場太擁擠、競爭太激烈。但老實講，這些問題都不是真正的絆腳石。真正的原因是多數人還在用以前的教戰手冊，裡頭有很多規則出現在我們還不知道大腦如何運作、人類如何做出決定的年代。

選擇不是來自有意識的推或拉，也不是來自口沫橫飛的勸說；決定不是來自事實與數字，也不能訴諸邏輯或情緒。決定是直覺的，來自腦中儲存的無數記憶與聯想，影響著我們每天做的事。你了解支配直覺決策的規則後，就能把傳統的手冊扔到一旁，用正確的公式處理每一次的挑戰與機會。

用直覺的力量取勝

不是人、政治候選人或品牌在爭奪你的錢或選票，只不過是浮動的連接組搶著主導你的大腦。這場仗不是發生在貨架上，也不是發生在投票所，而是發生在我們腦中的記憶結構。本書從頭到尾提到各種非常成功的案例，例如哈利波特、M&M's巧克力與適樂膚。你現在知道它們不是特例、不是走運，也不是偶然而已。

　　成功來自獲得直覺優勢，在共通的潛意識中有效擴張龐大的記憶網絡。每一則成功故事都建立了龐大的連結，由人們生活中有意義的多元接觸點組成。不過，這些成功的例子也顯示，你必須先增加品牌在大眾腦中的實體足跡，才有辦法在市場上成長。要獲得市佔率，就必須先獲得心佔率。

　　我們也看了企業沒落的故事，例如柯爾百貨、3B家居公司、維多利亞的秘密。這幾間公司似乎莫名其妙就突然一蹶不振。然而，仔細看會發現負面聯想累積了二十年——在沒受到監測的潛意識腦中生長的病毒，打得這幾間公司的領導者措手不及。

　　社會運動團體與華爾街投資人歸咎於管理不良。從某方面來講，或許的確是管理不良，但那是淺層的分析。這幾間企業都掉進核心顧客陷阱。要是他們當初能把潛在顧客的重要性排在既有顧客的前面，並用正面聯想蓋過負面聯想，原本是可以解決這個問題的。

　　失敗公司的領導者碰到的企業問題，都不是無從避免。個中道理如同化妝品公司那位具有自我覺察能力的主管安娜，以及麥當勞的領導者，他們的品牌同樣失去心佔率、招惹負面聯想，但如果立即行動，還有機會挽救、重振雄風。他們沒變魔術，也沒靠運氣，而是積極分析潛在顧客的心理，快速改弦易撤、轉危為安。

　　不過，真正的直覺力量不僅是研究別人過往的成敗，而是讓自己有能力大獲全勝。你現在有了新的世界觀，有能力分析是什麼在傷害品牌——不論是企業、非營利組織、個人品牌、候選人、大學申請或職涯發展，任何品牌都一樣。此外，你知道解決問題的原則；如果財務成長或募款停滯不前，你知道顯著性八成出了問題，有負面的聯想在醞釀，導致無法前進。

這個新觀點的起訖點不限於商業的世界。下一次選舉時，不論是選地方議員或總統，請想一想各個候選人的品牌連接組。你應該能依據哪些候選人有最扎實的連接組，預測誰最可能獲得政黨提名。比較沒聽過的候選人有可能橫空出世，打敗根基較穩的對手嗎？有可能，但前提是遵守歐巴馬的劇本。

下次你和親友為了政治吵得很兇，記得深呼吸。你吵架的對象不是白痴，也不是壞人，只不過他們腦中的連接組是你民主黨或共和黨連接組的鏡像版（跟你相反）——你有負面聯想的事，他們有正面聯想；你有正面聯想的事，他們有負面聯想。

此外，你現在也能思考不同社會理念的優勢與弱點，知道如何能幫上忙。當你選邊站的時候，先想一想是因為自己的連接組裡有什麼，造成你那樣選擇。

這本書是下一個世代的行銷教戰手冊，能推翻舊規則，並用新的直覺規則取代。新規則來自大腦如何運作的科學。你現在知道，區別度比獨特性有力量，而幻想會勝過現實。此外，DBA在超級提示的助陣下，讓你還沒唸完行為經濟學家康納曼的名字，就已經打造出記憶結構。你也知道要質疑傳統理論，例如產品生命週期、受眾區隔與行銷漏斗，因為這些理論牴觸大腦實際的運作方式。

眼見無法為憑。你看人們的決策時，不能只看冰山一角。

在實體記憶結構裡，在水面以下的東西，才是實情。與其連珠炮攻擊、爭論不休或誘之以利，不如放棄意識型說服，改成專注於人們實際上如何做決定。你可以想像，這是一個讓看不見的東西現形的過程，有如潛到水面之下，檢查巨大的冰山，揭曉究竟是什麼力量左右著人們的決定。

如果你的公司或組織的表現開始減弱，水面下方八成有問題——有大量的負面聯想拖累品牌連接組，或是網絡稀薄，缺乏正面的聯想。總之結果都一樣：成長會受挫。你因此需要擔任品牌的園藝師，照顧你的樹，幫根澆水，提供必要的營養素，並立刻拔掉枯葉或壞死的樹枝。如果沒做到這些事，負面聯想會持續惡化，使品牌萎縮，顯著性永遠無法到達具有影響力的程度。

一切都與成長有關。品牌、事業、你關注的理念、你支持的候選人、跟工作或家裡的事有關的點子，你要讓它們成長。大腦是關鍵，要是沒成長，一切都無以為繼；但要是有成長，不論是品牌、事業、理念、候選人、點子還是想法，一切的一切都會欣欣向榮。

不管外面有多少風風雨雨，依然有可能成長。如果有人告訴你不可能，別相信他們。沒錯，你會在市場上起起伏伏：經濟情勢會變化，社會會走過不同的文化潮流；天災可能發生，疫情也是；你會碰上供應短缺、經銷問題，以及各式各樣可能影響品牌的事——但除非你放任不管，要不然品牌不會因此一蹶不振。

如果你把表現不佳或顧客變少，怪罪到那些事的頭上，代表你花太多時間尋找外在的原因，不夠往內看。真正的原因是你的連接組出了問題。知道這點後，就知道如何讓品牌回歸正軌。

只要用成長觸發點助你的內容一臂之力，就能以更快的速度讓人們改選你，獲得終生的顧客。世界上的其他人全在攻擊意識腦，試著哄騙、轟炸、爭論，希望影響意識腦區區的5%決定；但你可以後退一步，專注於由潛意識腦做出的95%的決策。那裡才是成長的源頭。

　　此外，我們今日最需要的成長，或許不是你以為的那樣。企業成長、財務成長、影響力變大或聲名鵲起，這些都是好事，但我們也需要個人的成長，找出方法了解彼此和周圍的世界。新的枝枒冒出來，組成龐大的連接組，才能真正使新點子、教育與知識獲得生命。總而言之，這個過程與學習有關。我們需要向彼此學習，讓自己了解一件事的所有面向，讓疏於照料的連接組得以成長。當我們了解其他的觀點，連接組會變強、人會變寬容。如果只看片面的資訊，就只看到非常一小角，大腦會萎縮。

　　本書提到的工具，能幫助你檢視或回顧你的想法來自哪裡、為什麼你做出那些決定，以及如何變成更寬容、更體貼、更有同理心的人。一切都與拓展有關，也就是連起你和他人腦中的點。有了這些工具之後，你能看著每一個情境問：「是什麼讓我的事業無法前進？是什麼拖住了我？有哪些正面聯想？有哪些負面聯想？我能在人們的生活中帶來哪些連結？我能運用哪些成長觸發點，讓別人的點子、理念或價值觀更快被接受，並加速成長？」

　　找到這些問題的答案後，我們就能一起取得飛快的進展。這是直覺年代的教戰手冊──這套看似違反常理的原則，運用了這個世界真正的運行方式，幫助你踏上阻力最小的成長之路。

不管你做什麼,前進時你將獲得新的力量。

　　事實證明,直覺的力量,是企業與人生的成功關鍵。

致謝

關於如何讓行銷成為成長的引擎，這本書集結了我在職涯中學到的所有事情，也因此這裡除了要感謝協助我寫書的人，也要感謝過去三十多年來指導我、幫忙我的人。我要對以下人士獻上最大的感激之情。沒有他們，就沒有這本書。

我的經紀人Lynn Johnston對這本書深具信心，搶在任何人之前看見其潛力。Hachette Book集團旗下PublicAffairs的編輯Colleen Lawrie眼光銳利，因為相信這本書會有很多人感興趣，冒險賭在第一次寫書的我身上。她值得獲頒一座獎，竟能忍受和我這個吹毛求疵的人，進行無數次爭辯，她的耐心無遠弗屆！

我要謝謝Lindsay Fradkoff、Brooke Parson、Jocelynn Pedro、Mark Fortier、Matt Wendell、Rebecca Bender貢獻的行銷、公關與社群媒體專業，和他們合作太開心了。

我在這裡要鄭重感謝設計師Pete Garceau帶來光芒四射的封面，也要特別感謝Zach Gajewski。他是非常有才華的編輯與合作伙伴，付出120%的努力，在本書的草稿階段，從頭到尾提供深思熟慮又簡明扼要的意見。

我很幸運能和觸發點品牌公司（Triggers Brand Consulting）最優秀的行銷人才共事，他們將最大的心力投注在我們做的每一件事情上。每一個人都替我們這間特殊的公司，帶來特殊的禮物。Heather Coyle、Morgan Seamark、Tom Gosline、Kelsey Sullivan、Mindy Harris、Jeffrey McElnea、Sara Haim、Stephanie Veraghen、Jolene LaBelle、Dave Silcock、Kyra Meringer、Michelle Rhoades與Celeste Stone，謝謝你們。此外，也要感謝Steve Zanon、Darren Cohen與Betty Graumlich這幾位幕後人員，他們已經協助我們公司數十年。

除了觸發點公司的同仁，還有幾位人士也慷慨協助本書的各個面向。他們願意拋下手中事務，和我聊任何主題，就連在奇怪的時間也一樣。他們的洞見與創意對我產生無法抹滅的影響；他們堅定不移的支持我，為我加油打氣。他們是Elyse Kane、Lisa Mirchin與Victoria Perla Guyardo。華頓商學院教授普萊特，以及法默顧問公司執行長、前貝恩策略伙伴法默，不只對本書提出建議；每當我有和他們專業領域相關的問題，他們也持續協助我。Jill Tipograph、Lisa Gable、Christi Botello、Jennefer Witter總是給予我寶貴的協助。

要是沒有客戶的協助（有的是三十年的緣分了），以及與地球上最精采的品牌合作，也不可能有這本書。這些領導者讓我們下定決心探索未知的領域，讓看不見的事物現形，協助他們達成遠大的目標。不過，觸發點公司還有更幸運的事，那就是我們合作的商業領袖不僅具備遠見，還恰巧是很好的人——這是罕見的組合。在此深深感謝Greg Lyons、Michael Roberts、Ann Mukherjee、David Edelman、Wes Wilkes、Umi Patel、JP Bittencourt、Doug Healy、Pam Forbus、Jaime Friedman、Kevin Moeller、Kyle Lazarus、Dan O'Leary、Mark Mandell、Barry Tatelman、Paul Guyardo、Helen Cai、Keira Krausz、Kathy Price、MiPardubicka-Jenkins、Zach Harris、Darrin Rahn、Koley Corte、Steve Caracappa、Joahne Carter、April Jeffries、Robin Kaminsky與Geri Yoshioka。

除了很棒的客戶與同事，我也有幸在職涯早期碰上優秀的導師，包括Kathy Dwyer、Michael White、Don Petit與Libby Daniel。這些才華洋溢的人士帶領我，影響我的整體思考，尤其是細微的視覺和語言差異，以及品牌與打造事業是怎麼一回事。

還有一些人不管是對這本書或任何事都永遠支持我。我很幸運能有Richard Nanula、Scott Delman、Doron Grosman、Paul Cusenza等寶貴的朋友。他們的鼓勵、建議一直在生活中支持著我。此外，也要感謝NYC HBS Forum與Scarsdale "Sisterhood" Forum的成員（這裡就不一一點名），謝謝你們的建議、友誼與加油打氣。在此也要特別感謝我這輩子最好的朋友Karen Strauss，我在日常生活中仰賴她無數的情緒支持，她的指印也留在了這本書的封面上。

最後，最重要的是感謝我的家人，包括最棒的妹妹Liz

Hirsh一家人，以及我精力充沛的母親Charlotte Picot，她是森林小丘（Forest Hills）的社群領袖。也謝謝我敬愛的父親Pierre Picot，他在2015年離開人世；他的專長是軍事情報、人類心理洞見與敏銳的視覺感官，我也遺傳了一點這些特質，但用在不同的領域。父母是我最大的支持者，從小要我努力工作、獨立思考、不怕失敗——只要堅持，沒有什麼是辦不到的。

在結尾，我也要感謝丈夫Andrew Zane忍受我兩年多不見人影（或許還不只），因為我深夜還在弄這本書，一大早也在寫，還有許多個週末也是。我衷心感謝你，Andy，你是意志堅定的女性的完美丈夫。不論我接下多龐大的新任務，跑去做什麼「古怪」的冒險行為，你永遠支持我。最後要謝謝已經長大的兒子Dylan與Austen。你們的智慧與洞見超越了年齡，總是提供我需要聽見的誠實答案（雖然我偶爾會後悔開口發問）。

參考資料

引言

Milmo, Dan. "ChatGPT Reaches 100 Million Users Two Months after Launch." *The Guardian*, February 2, 2023. theguardian.com/technology/2023/feb/02/chatgpt-100-million-users-open-ai-fastest-growing-app

Morse, Gardiner. "Hidden Minds." *Harvard Business Review*, June 2002. hbr.org/2002/06/hidden-minds

Roach, Tom. "Most Marketing Is Bad Because It Ignores the Most Basic Data." TheTomRoach.com, November 10, 2020. thetomroach.com/2020/11/10/most-marketing-is-bad-because-it-ignores-the-most-basic-data/

Sharp, Byron. *How Brands Grow: What Marketers Don't Know*. New York: Oxford University Press, 2010.

Wendel, Stephen. "Who Is Doing Applied Behavioral Science? Results from a Global Survey of Behavioral Teams." *Behavioral Scientist*, October 5, 2020. behavioralscientist.org/who-is-doing-applied-behavioral-science-results-from-a-global-survey-of-behavioral-teams/

1 意識型行銷模式已死

"#1 New York Yankees." *Forbes*, March 2023. forbes.com/teams/new-york-yankees

Bernacchi, Chris, Julio Aguilar, Kelsey Grant, and David Madison. "Baseball's Most Valuable Teams 2022: Yankees Hit $6 Billion as New CBA Creates New Revenue Streams." *Forbes*, March 24, 2022. forbes.com/sites/mikeozanian/2022/03/24/baseballs-most-valuable-teams-2022-yankees-hit-6-billion-as-new-cba-creates-new-revenue-streams/

"The Bigger Brains of London Taxi Drivers." *National Geographic*, May 29, 2013. nationalgeographic.com/culture/article/the-bigger-brains-of-london-taxi-drivers

Chen, Quanjing, Haichuan Yang, Brian Rooks, et al. "Autonomic Flexibility Reflects Learning and Associated Neuroplasticity in Old Age." *Human Brain Mapping* 41, no. 13 (September 2020): 3608–3619. doi.org/10.1002/hbm.25034

Cherry, Kendra. "What Is Neuroplasticity?" *Verywell Mind*, November 8, 2022. verywellmind.com/what-is-brain-plasticity-2794886#toc-how-neuroplasticity-was-discovered

Cooke, Kirsty. "Mastering Momentum: Fewer Than One Percent of Brands Master Growth Momentum." Kantar, 2019. kantar.com/north-america/inspiration/brands/mastering-momentum-fewer-than-one-percent-of-brands-master-growth-momentum/

Day, Julia. "Nike: 'No Guarantee on Child Labour.'" *The Guardian*, October 19, 2001. theguardian.com/media/2001/oct/19/marketingandpr

De Los Santos, Brian. "Sole Searching." *Mashable*. Accessed October 2023. mashable.com/feature/nike-snkrs-app-drops

Fifield, Anna. "China Compels Uighurs to Work in Shoe Factory That Supplies Nike." *Washington Post*, February 29, 2020. washingtonpost.com/world/asia_pacific/china-compels-uighurs-to-work-in-shoe-factory-that-supplies-nike/2020/02/28/ebddf5f4-57b2-11ea-8efd-0f904bdd8057_story.html

Flynn, Jack. "35+ Amazing Advertising Statistics [2023]: Data + Trends." Zippia, June 13, 2023. zippia.com/advice/advertising-statistics/#General_Digital_Advertising_Statistics

Heaven, Will Douglas. "Geoffrey Hinton tells us why he's now scared of the tech he helped build." *MIT Technology Review*, May 2, 2023. technologyreview.com/2023/05/02/1072528/geoffrey-hinton-google-why-scared-ai/

Hinton, Geoffrey. "How Neural Networks Revolutionized AI." Interview by Brooke Gladstone. *On the Media*, WNYC, January 13, 2023. wnycstudios.org/podcasts/otm/segments/how-neural-networks-revolutionized-ai-on-the-media

"How Nike Became Successful and the Leader in the Sports Product Market." Profitworks. Accessed August 2023. profitworks.ca/blog/marketing-strategy/545-nike-strategy-how-nike-became-successful-and-the-leader-in-the-sports-product-market.html

Jabr, Ferris. "Cache Cab: Taxi Drivers' Brains Grow to Navigate London's Streets." *Scientific American*, December 8, 2011. scientificamerican.com/article/london-taxi-memory

Jeopardy Productions. "Ken Jennings." *Jeopardy!*, 2022. jeopardy.com/about/cast/ken-jennings

Leitch, Luke. "Nike at the Museum: Inside the Private View of Virgil Abloh's Design Legacy." *Vogue*, December 1, 2022. vogue.com/article/virgil-abloh-rubell-museum

Mahoney, Manda. "The Subconscious Mind of the Consumer (and How to Reach It)." Working Knowledge, Harvard Business School, January 13, 2003. library.hbs.edu/working-knowledge/the-subconscious-mind-of-the-consumer-and-how-to-reach-it

McLachlan, Stacey. "85+ Important Social Media Advertising Statistics to Know." Hootsuite, April 6, 2023. blog.hootsuite.com/social-media-advertising-stats

Morse, Gardiner. "Hidden Minds." *Harvard Business Review*, June 2002. hbr.org/2002/06/hidden-minds

Pusateri, Rich. "What is Neuromarketing with Dr. Michael Platt." Postal.com, August 5, 2021. postal.com/blog/what-is-neuromarketing-with-dr-michael-platt

Queensland Brain Institute. "Adult Neurogenesis." University of Queensland, Australia, 2023. qbi.uq.edu.au/brain-basics/brain-physiology/adult-neurogenesis

Queensland Brain Institute. "Understating the Brain: A Brief History." University of Queensland, Australia, 2023. qbi.uq.edu.au/brain/intelligent-machines/understanding-brain-brief-history

Rosen, Jody. "The Knowledge, London's Legendary Taxi- Driver Test, Puts Up a Fight in the Age of GPS." *New York Times*, November 10, 2014. nytimes.com/2014/11/10/t-magazine/london-taxi-test-knowledge.html

"Social Media Advertising—Worldwide." Statista, March 2023. statista.com/outlook/dmo/digital-advertising/social-media-advertising/worldwide

Uddin, Lucina Q. "Salience Processing and Insular Cortical Function and Dysfunction." *Nature Reviews Neuroscience* 16 (2015): 55–61. nature.com/articles/nrn3857

Weintraub, Karen. "The Adult Brain Does Grow New Neurons After All, Study Says." *Scientific American*, March 25, 2019. scientificamerican.com/article/the-adult-brain-does-grow-new-neurons-after-all-study-says

Wolf, Cam. " 'The Vibe of the Times': How Nike Became the Biggest Fashion Brand in the World." *GQ*, September 24, 2018. gq.com/story/how-nike-became-the-biggest-fashion-brand-in-the-world

Woollett, Katherine, and Eleanor A. Maguire. "Navigational Expertise May Compromise Anterograde Associative Memory." *Neuropsychologia* 47, no. 4 (March 2009): 1088– 1095. doi.org/10.1016/j.neuropsychologia.2008.12.036

Yahr, Emily. "Ken Jennings Broke 'Jeopardy!' in 2004. In 2022, He Helped Save It." *Washington Post*, October 31, 2022. washingtonpost.com/arts-entertainment/2022/10/31/ken-jennings-jeopardy-host-interview

2 瞄準直覺中心

Beadle, Robert. "All About Peanut M&Ms and More." Candy Retailer, September 11, 2021. candyretailer.com/blog/all-about-peanut-mms-and-more

Bibel, Sara. "5 Little- Known Facts About How J.K. Rowling Brought Harry Potter to Life." *Biography*, May 13, 2020. biography.com/authors-writers/jk-rowling-harry-potter-facts

"Election Results, 2020: Incumbent Win Rates by State." Ballotpedia, February 11, 2021. ballotpedia.org/Election_results,_2020:_Incumbent_win_rates_by_state

Escobar, Natalie. "The Remarkable Influence of 'A Wrinkle in Time.' " *Smithsonian Magazine*, January 2018. smithsonianmag.com/arts-culture/remarkable-influence-wrinkle-in-time-180967509/

Griffiths, Chris. "Thimmamma Marrimanu: The World's Largest Single Tree Canopy." BBC, February 20, 2020. bbc.com/travel/article/20200219-thimmamma-marrimanu-the-worlds-largest-single-tree-canopy

Hanna, Katie Terrell. "What is mindshare (share of mind)." TechTarget. Accessed August 2023. techtarget.com/searchcustomerexperience/definition/mindshare-share-of-mind

"Harry Potter Books Stats and Facts." WordsRated, October 19, 2021. wordsrated.com/harry-potter-stats

"The Harry Potter Franchise's Magical Money- Making." LoveMoney, December 24, 2021. lovemoney.com/galleries/122033/the-harry-potter-franchises-magical-moneymaking

Lindell, Crystal. "State of the Candy Industry 2021: Chocolate Bar Sales Are Up Overall Compared to Pre-pandemic Levels." Candy Industry, July 21, 2021. snackandbakery.com/articles/103255-state-of-the-candy-industry-chocolate-bar-sales-are-up-overall-compared-to-pre-pandemic-levels

Livingston, Michael. "Burbank Public Library Offering Digital Copies of First 'Harry Potter' Novel to Recognize the Book's 20th anniversary." *Los Angeles Times*, *Burbank Leader*, September 4, 2018. latimes.com/socal/burbank-leader/news/tn-blr-me-burbank-library-harry-potter-20180831-story.html

Nash Information Services. "Box Office History for Harry Potter Movies." The Numbers, 2023. the-numbers.com/movies/franchise/Harry-Potter

Penn Medicine. "Penn Medicine Researchers Introduce New Brain Mapping Model Which Could Improve Effectiveness of Transcranial Magnetic Stimulation." News release, April 17, 2015. pennmedicine.org/news/news-releases/2015/april/penn-medicine-researchers-intr

Popomaronis, Tom. "Google's Hiring Process Was Designed to Rule Out Toxic Hires— Here's How." LinkedIn, May 18, 2022. linkedin.com/pulse/googles-hiring-process-designed-rule-out-toxic-hires-how-popomaronis

"Reelection Rates over the Years." OpenSecrets. Accessed August 2023. opensecrets.org/elections-overview/reelection-rates

Santhanam, Laura. "Poll: Most Americans Don't Want Oprah to Run for President." *PBS NewsHour*, January 12, 2018. pbs.org/newshour/nation/poll-most-americans-dont-want-oprah-to-run-for-president

Schumm, Laura. "Six Times M&Ms Made History." History, March 28, 2023. history.com/articles/the-wartime-origins-of-the-mm

Sharp, Byron. "How to Measure Brand Salience." *Marketing Science*, March 26, 2008. marketingscience.info/how-to-measure-brand-salience/

Sieczkowski, Cavan. "This Is the 'Harry Potter' Synopsis Publishers Rejected over 20 Years Ago." *HuffPost*, October 26, 2017. huffpost.com/entry/harry-potter-synopsis-jk-rowling_n_59f1e294e4b043885915a95c

Smith, Morgan. "The 10 Best U.S. Places to Work in 2022, According to Glassdoor." CNBC, January 12, 2022. glassdoor.com/Award/Best-Places-to-Work-2022-LST_KQ0,24.htm

"Tolkein's Hobbit fetches £60,000." *BBC News*, March 18, 2008. news.bbc.co.uk/2/hi/uk_news/england/7302101.stm

Weissmann, Jordan. "Stranger Than Fiction: Oprah Was Bad for Book Sales." *The Atlantic*, March 19, 2012. theatlantic.com/business/archive/2012/03/stranger-than-fiction-oprah-was-bad-for-book-sales/254733/

Wunsch, Nils- Gerrit. "Market Share of Leading Chocolate Companies Worldwide in 2016." Statista, July 27, 2022. statista.com/statistics/629534/market-share-leading-chocolate-companies-worldwide

Zane, Leslie, and Michael Platt. "Cracking the Code on Brand Growth." *Knowledge at Wharton*, Wharton School of the University of Pennsylvania, January 7, 2019. knowledge.wharton.upenn.edu/podcast/knowledge-at-wharton-podcast/cracking-code-brand- growth

Zetlin, Minda. "You Need to Prove Your 'Googleyness' If You Want to Get a Job at Google. Here's How to Show Off this Most Desired Personality Trait During Your Interview." *Business Insider*, August 30, 2020. businessinsider.com/google-hiring-how-to-job-search-googleyness-personality-traits-2020-8

3 找出直覺選擇的捷徑

Bath & Body Works. "Bath & Body Works Celebrates 25th Anniversary of Nostalgic Icon, Cucumber Melon." Cision PR Newswire, June 1, 2023. bbwinc.com/media/newsroom/n-bath-body-works-celebrates-25th-anniversary-of-nostalgic-icon-cucumber-melon-2023-06-01-082600

Callahan, Patricia. "Fruit Additions Spoon Out New Life for Cereal Players." *Wall Street Journal*, May 15, 2003. wsj.com/articles/SB105295323888157300

Gillespie, Claire. "This Is Why We Associate Memories So Strongly with Specific Smells." Verywell Mind, October 4, 2021. verywellmind.com/why-do-we-associate-memories-so-strongly-with-specific-smells 5203963

Humphrey, Judith. "5 Ways Women Can Be Heard More at Work." *Fast Company*, October 31, 2018. fastcompany.com/90256171/5-ways-for-women-can-be-heard-more-at-work

Media Education Center. "Using Images Effectively in Media." Williams Office for Information Technology, February 2010. oit.williams.edu/files/2010/02/using-images-effectively.pdf

Quinton, Amy. "Cows and Climate Change: Making Cattle More Sustainable." In-

Focus, UC Davis, June 27, 2019. ucdavis.edu/food/news/making-cattle-more-sustainable

Richardson, Chris. "How Chick- fil-A Creates an Outstanding Customer Experience." Effective Retail Leader, November 2022. effectiveretailleader.com/effective-retail-leader/how-chick-fil-a-creates-an-outstanding-customer-experience

Ross, Sean. "Financial Services: Sizing the Sector in the Global Economy." Investopedia, September 30, 2021. investopedia.com/ask/answers/030515/what-percentage-global-economy-comprised-financial-services-sector.asp

"What Is the Picture Superiority Effect?" Simpleshow, August 9, 2017. simpleshow.com/blog/picture-superiority-effect

4 破除負面聯想的詛咒

Akhtar, Allana. "Wellness-Focused, 'Sober Curious' Consumers Are Driving Interest in Booze-Free Cocktails, a Relative Newcomer to the $180 Billion Beverage Industry." *Business Insider*, November 3, 2021. businessinsider.nl/wellness-focused-sober-curious-consumers-are-driving-interest-in-booze-free-cocktails-a-relative-newcomer-to-the-180-billion-beverage-industry/

"Animal Health & Welfare." McDonald's, updated 2022. corporate.mcdonalds.com/corpmcd/our-purpose-and-impact/food-quality-and-sourcing/animal-health-and-welfare.html

"Are All the Eggs You Use Free Range?" McDonald's, May 21, 2018. mcdonalds.com/gb/en-gb/help/faq/are-all-the-eggs-you-use-free-range.html

"Burgers FAQs." McDonald's, updated 2023. mcdonalds.com/us/en-us/faq/burgers.html

"Churchill's Reputation in the 1930s." Churchill Archives Centre. Accessed August 2023. archives.chu.cam.ac.uk/education/churchill-era/exercises/appeasement/churchill-rearmament-and-appeasement/churchills-reputation-1930s

CNN. "McDonald's Sets Record Straight on What's in a . . ." YouTube, February 5, 2014. youtube.com/watch?v=IjObCa9bXTo

Courtesy Corporation—McDonald's. "McDonald's—Our Food, Your Questions—Beef." YouTube, February 16, 2015. youtube.com/live/Q6IMQaiYKeg

Denworth, Lydia. "Conservative and Liberal Brains Might Have Some Real Differences." *Scientific American*, October 26, 2020. scientificamerican.com/article/conservative-and-liberal-brains-might-have-some-real-differences

ESPN.com News Services. "Survey: Fewer Peers Believe Tiger Woods Will Win Another Major." ESPN, April 4, 2016. espn.com/golf/story/_/id/15129601/survey-shows-pga-tour-golfers-less-belief-tiger-woods-winning-another-major

"Gathering Storm (1930s)." America's National Churchill Museum. Accessed August 2023. nationalchurchillmuseum.org/winston-churchill-and-the-gatheringstorm.html

Helling, Steve. "Tiger Woods and Ex-Wife Elin Nordegren 'Get Along Really Well' 9 Years After Scandal, Says Source." *People*, April 8, 2018. people.com/sports/tiger-woods-ex-wife-elin-nordegren-get-along-well-source/

Javed, Saman. "Negative Social Media Posts Get Twice as Much Engagement Than Positive Ones, Study Finds." *Independent*, June 22, 2021. independent.co.uk/life-style/social-media-facebook-twitter-politics-b1870628.html

Klein, Christopher. "Winston Churchill's World War Disaster." History, May 21, 2014, updated September 3, 2018. history.com/news/winston-churchills-world-war-disaster

Klein, Ezra. "How Technology Is Designed to Bring Out the Worst in Us." *Vox*, February 19, 2018. vox.com/technology/2018/2/19/17020310/tristan-harris-facebook-twitter-humane-tech-time

"Kohl's— 31 Year Stock Price History." Macrotrends. Accessed August 2023. macrotrends.net/stocks/charts/KSS/kohls/stock-price-history

Maheshwari, Sapna. "Victoria's Secret Had Troubles, Even Before Jeffrey Epstein." *New York Times*, September 6, 2019, updated June 21, 2021. nytimes.com/2019/09/06/business/l-brands-victorias-secret-les-wexner-epstein.html

McDonald's Canada. "McDonald's Burgers Don't Rot? McDonald's Canada Answers." YouTube, August 19, 2015. youtube.com/watch?v=gidsNjq0icw&t=57s

McDonald's Canada. "Pink Goo in Chicken McNuggets? McDonald's Canada Answers." YouTube, January 31, 2014. youtube.com/watch?v=Ua5PaSqKD6k

"McDonald's Food Suppliers." McDonald's, updated 2023. mcdonalds.com/us/en-us/about-our-food/meet-our-suppliers.html

"Median Hourly Earnings of Female Wage and Salary Workers in the United States from 1979 to 2021." Statista, March 7, 2023. statista.com/statistics/185345/median-hourly-earnings-of-female-wage-and-salary-workers

Meyersohn, Nathaniel. "How Kohl's Became Such a Mess." *CNN Business*, March 19, 2022. cnn.com/2022/03/19/business/kohls-stock-department-stores-activist-investor/index.html

Meyersohn, Nathaniel. "How Kohl's Figured Out the Amazon Era." *CNN Business*, October 30, 2018. cnn.com/2018/10/30/business/kohls-stores-amazon-retail/index.html

Morfit, Cameron. "Tiger Woods Wins TOUR Championship to Break Five-Year Win Drought." PGAtour.com, September 23, 2018. pgatour.com/article/news/latest/2018/09/23/tiger-woods-wins-2018-tour-championship-fedexcup-playoffs-east-lake

"Number of Employed Women in the United States from 1990 to 2022." Statista, February 3, 2023. statista.com/statistics/192378/number-of-employed-women-in-the-us-since-1990

O'Keefe, Michael. "Nearly a Quarter of Tiger Woods' PGA Tour Peers Thinks He Used Performance-Enhancing Drugs." *New York Daily News*, April 30, 2010. nydailynews.com/2010/04/30/nearly-a-quarter-of-tiger-woods-pga-tour-peers-thinks-he-used-performance-enhancing-drugs/

Pappas, Stephanie. "Republican Brains Differ from Democrats' in New FMRI Study." *HuffPost*, February 20, 2013, updated February 22, 2013. huffpost.com/entry/republican-democrat-brain-politics-fmri-study_n_2717731

"Past Prime Ministers: Sir Winston Churchill." Gov.uk. Accessed August 2023. gov.uk/government/history/past-prime-ministers/winston-churchill

"Percentage of the U.S. Population Who Have Completed Four Years of College or More from 1940 to 2022, by Gender." Statista, July 21, 2023. statista.com/statistics/184272/educational-attainment-of-college-diploma-or-higher-by-gender

"Revenue for McDonald (MCD)." CompaniesMarketCap. Accessed August 2023. companiesmarketcap.com/mcdonald/revenue

Robertson, Claire E., Nicolas Prollochs, Kaoru Schwarzenegger, et al. "Negativity Drives Online News Consumption." *Nature Human Behaviour* 7 (2023): 812–822. nature.com/articles/s41562-023-01538-4

Silver-Greenberg, Jessica, Katherine Rosman, Sapna Maheshwari, and James B. Stewart. " 'Angels' in Hell: The Culture of Misogyny Inside Victoria's Secret." *New York Times*, February 1, 2020, updated June 16, 2021. nytimes.com/2020/02/01/business/victorias-secret-razek-harassment.html

"Sir Winston Churchill." UK Parliament. Accessed August 2023. parliament.uk/about/living-heritage/transformingsociety/private-lives/yourcountry/collections/churchillexhibition/churchill-and-ww2/sir-winston-churchill

Stein, Ed. "What Are McDonald's Chicken McNuggets Made Of." YouTube, December 12, 2014. youtube.com/watch?v=NCm6INQ09yY

United States Securities and Exchange Commission. Form 10-K: Kohl's Corporation. Commission file number 1-11084. United States Securities and Exchange Commission, 2018. sec.gov/Archives/edgar/data/885639/000156459018006671/kss-10k_20180203.htm

"Victoria's Secret Revenue." Zippia, July 21, 2023. zippia.com/victoria-s-secret-careers-1580221/revenue

5 善用雪山效應

"2020 State of the Beverage Industry: All Bottled Water Segments See Growth." *Beverage Industry*, June 24, 2020. bevindustry.com/articles/93226-state-of-the-beverage-industry-all-bottled-water-segments-see-growth

Andrivet, Marion. "What to Learn from Tropicana's Packaging Redesign Failure?" *Branding Journal*, May 1, 2015. thebrandingjournal.com/2015/05/what-to-learn-from-tropicanas-packaging-redesign-failure/

"Aquafina Logo." 1000 Logos, June 20, 2023. 1000logos.net/aquafina-logo

Goke, Niklas. "The Tropicana Rebranding Failure." *Better Marketing*, April 22, 2020. bettermarketing.pub/the-worst-rebrand-in-the-history-of-orange-juice-1fc68e99ad81

Holcomb, Jay. "The DAWNing of Oiled Bird Washing." International Bird Rescue. YouTube, April 22, 2010. youtube.com/watch?v=axEpVTaK1-k

Lucas, Amelia. "Consumer Brands Didn't Reap a Huge Windfall from Panic Buying, Are Adjusting to Life Under Lockdown." CNBC, April 22, 2020. cnbc.com/2020/04/22/coronavirus-consumer-brands-didnt-reap-a-windfall-from-panic-buying.html

Mendelson, Scott. " 'The Addams Family' Was One of Hollywood's First Successful Attempts at Replicating 'Batman.' " *Forbes*, October 7, 2019. forbes.com/sites/scottmendelson/2019/10/07/the-addams-family-was-one-of-hollywoods-first-successful-attempts-at-replicating-batman-oscar-isaac-charlize-theron-raul-julia-christina-ricci-terminator/

"Most Famous Logos with a Mountain." 1000 Logos, February 26, 2023. 1000logos.net/most-famous-logos-with-a-mountain/

Newman, Andrew Adam. "Tough on Crude Oil, Soft on Ducklings." *New York Times*, September 24, 2009. nytimes.com/2009/09/25/business/media/25adco.html

Parekh, Rupal. "End of an Era: Omnicom's Arnell Group to Close." *AdAge*, March 18, 2013. adage.com/article/agency-news/end-era-omnicom-s-arnell-group-close/240387/

"Peter Arnell Explains Failed Tropicana Package Design." *AdAge*, February 26, 2009. youtube.com/watch?v=WJ4yF4F74vc

Porterfield, Carlie. " 'Wednesday' Breaks Out: Scores Second- Highest Weekly Streaming Debut Ever for Netflix—Launches Viral Dance." *Forbes*, December 21, 2022. forbes.com/sites/carlieporterfield/2022/12/21/wednesday-breaks-out-scores-second-highest-weekly-streaming-debut-ever-for-netflix-launches-viral-dance/

Ridder, M. "Leading Brands of Refrigerated Orange Juice in the United States in 2022, Based on Sales." Statista, December 1, 2022. statista.com/statistics/188749/top-refrigerated-orange-juice-brands-in-the-united-states

Rooks, Martha. "30,000 Different Products and Counting: The Average Grocery Store." International Council of Societies of Industrial Design, February 16, 2022. icsid.org/uncategorized/how-many-products-are-in-a-typical-grocery-store

Sheridan, Adam. "The Power of You: Why Distinctive Brand Assets Are a Driving Force of Creative Effectiveness." Ipsos, February 2020. ipsos.com/en/power-you-why-distinctive-brand-assets-are-driving-force-creative-effectiveness

Shogren, Elizabeth. "Why Dawn Is the Bird Cleaner of Choice in Oil Spills." *Morning Edition*, June 22, 2010. npr.org/2010/06/22/127999735/why-dawn-is-the-bird-cleaner-of-choice-in-oil-spills

Solsman, Joan E. " 'Wednesday' Is Netflix's No. 3 Most Watched Show of All Time (So Far)." CNET, December 13, 2022. cnet.com/culture/entertainment/wednesday-is-netflixs-no-3-most-watched-show-of-all-time-so-far/

Taylor, Erica. "Mother Daughter 'Wednesday Addams' Duo." TikTok, accessed August 2023. tiktok.com/@ericataylor2347/video/7184247045568534299

"Top 50 Scanned: Dorito." Nutritionix. Accessed August 2023. nutritionix.com/grocery/category/chips/dorito/1669

"Top 50 Scanned: Orange Juice." Nutritionix. Accessed August 2023. nutritionix.com/grocery/category/juice/orange-juice/271

"Top Gun: Maverick." Box Office Mojo. Accessed August 2023. boxofficemojo.com/release/rl2500036097

University of Glasgow. "What Our Eyes Can't See, the Brain Fills In." Medical Xpress, April 4, 2011. medicalxpress.com/news/2011-04-eyes-brain.html

Whitten, Sarah. " 'Top Gun: Maverick' and Disney Were the Box Office Leaders in an Otherwise Soft 2022." CNBC, January 10, 2023. https://www.cnbc.com/2023/01/10/top-gun-maverick-disney-top-box-office-2022.html

" 'You're Soaking in It!' Vintage Palmolive Ads Featuring Madge the Manicurist." Click Americana. Accessed 2023. clickamericana.com/topics/beauty-fashion/palmolive-ads-featuring-madge-the-manicurist

6 多層次勝過單一焦點

Augustine, Amanda. "This Personality Trait Is an Interview Killer." *Fast Company*, September 4, 2019. fastcompany.com/90397790/this-personality-trait-is-an-interview-killer

Barrett, Evie. "Unilever 'Misstepped' with Initial Purpose Message, Says Head of Comms." *PRWeek*. Accessed August 2023. prweek.com/article/1814096/unilever-misstepped-initial-purpose-message-says-head-comms

Berk, Brett. "No Longer Boxed In, Volvo Wins Over Buyers with Its Sleeker Look." *New York Times*, October 22, 2021. nytimes.com/2021/10/22/business/volvo-electric-future-design-ipo.html

"CeraVe to Launch Globally After L'Oreal Acquisition." *Cosmetics Business*, May 21, 2018. cosmeticsbusiness.com/news/article_page/CeraVeto_launch_globally_after_LOreal_acquisition/143145

DeSimone, Mike, and Jeff Jenssen. "While U.S. Wine Sales Are Expected to Decline, One Brand Is Defying the Trend." *Forbes*, May 23, 2019. forbes.com/sites/theworldwineguys/2019/05/23/as-us-wine-sales-are-expected-to-decline-one-wine-brand-defies-the-trend/

Hernandez, Morela. "The Impossibility of Focusing on Two Things at Once." *MIT Sloan Management Review*, April 9, 2018. https://sloanreview.mit.edu/article/the-impossibility-of-focusing-on-two-things-at-once/

IRI Worldwide. "Hand & Body Lotion, Facial Cleansers, Facial Moisturizers, Dollar Sales, Rolling 52 Weeks, Ending 03- 21- 21." IRI Market Research Data Report, 2021.

Kuncel, Nathan R., Deniz S. Ones, and David M. Klieger. "In Hiring, Algorithms Beat Instinct." *Harvard Business Review*, May 2014. hbr.org/2014/05/in-hiring-algorithms-beat-instinct

L'Oreal. "CeraVe: A Simple, Accessible Dermatologist- Recommended Range." L'Oreal 2017 Annual Report, 2017. loreal- finance.com/en/annual-report-2017/active-cosmetics/cerave-acquisition-dermatologists

L'Oreal Finance. "L'Oreal Signs Agreement with Valeant to Acquire CeraVe and Two Other Brands." News release, January 10, 2017. loreal-finance.com/eng/news-release/loreal-signs-agreement-valeant-acquire-cerave-and-two-other-brands

Sandler, Emma. "CeraVe Head of Global Digital Marketing & VP Adam Kornblum: 2022 Top Marketer." *Glossy*, June 1, 2022. glossy.co/beauty/cerave-adam-kornblum-head-of-global-digital-marketing-vp-top-marketer/

Strugatz, Rachel. "The Content Creator Who Can Make or Break a Skin Care Brand." *New York Times*, September 8, 2020, updated December 2, 2020. nytimes.com/2020/09/08/style/Gen-Z-the-content-creator-who-can-make-or-break-your-skin-care-brand.html

Voelk, Tom. "Crash Scene Investigations, with Automakers on the Case." *New York Times*, May 9, 2019. nytimes.com/2019/05/09/business/crash-scene-investigations.html

White, Katherine, David J. Hardisty, and Rishad Habib. "The Elusive Green Consumer." *Harvard Business Review*, July– August 2019. hbr.org/2019/07/the-elusive-green-consumer

Williams, Amy. "Unilever's Investor Backlash Illustrates the Need for Responsible Capitalism." *Adweek*, January 31, 2022. adweek.com/brand-marketing/unilevers-investor-backlash-illustrates-the-need-for-responsible-capitalism/

Willige, Andrea. "People Prefer Brands with Aligned Corporate Purpose and Values." World Economic Forum, December 17, 2021. weforum.org/agenda/2021/12/people-prefer-brands-with-aligned-corporate-purpose-and-values

WineBusiness. "Josh Cellars Surpasses 5 Million Cases Annually." Press release, April 9, 2023. winebusiness.com/news/article/269463

Womersley, James. "Hellmann's, Terry Smith and the Paradox of Purposeful Brands." Contagious, January 19, 2023. contagious.com/news-and-views/

hellmanns-terry-smith-and-the-paradox-of-purposeful-brands
Zanger, Doug. "10 Years After Setting 'Audacious Goals,' Unilever Shows How Purpose and Profit Can Coexist." *Adweek*, December 21, 2020. adweek.com/agencies/10-years-after-setting-audacious-goals-unilever-shows-how-purpose-and-profit-can-coexist/

7 潛意識渴求不切實際的幻想

Associated Press. "Madoff Victims: Big Banks, Hedge Funds, Celebrities." CNBC, December 15, 2008, updated August 5, 2010. cnbc.com/id/28235916

Atwal, Sanj. "Khaby Lame Overtakes Charli D'Amelio as Most Followed Person on TikTok." Guinness World Records, June 23, 2022. guinnessworldrecords.com/news/2022/6/khaby-lame-overtakes-charli-damelio-as-most-followed-person-on-tiktok-708392

Ballew, Matthew, Sander van der Linden, Abel Gustafson, et al. "The Greta Thunberg Effect." Yale Program on Climate Change Communication, January 26, 2021. climatecommunication.yale.edu/publications/the-greta-thunberg-effect

Berlinger, Joe, dir. *Madoff: The Monster of Wall Street*. RadicalMedia in association with Third Eye Motion Picture Company, 2023.

Bird, Deirdre, Helen Caldwell, and Mark DeFanti. "A Fragrance to Empower Women: The History of 'Charlie.'" *Marketing History in the New World* 15 (May 2011): 217–219. ojs.library.carleton.ca/index.php/pcharm/article/view/1434

Bruyckere, Pedro de. "What's the Link Between Jennifer Anniston [sic] and How Our Memory Works?" *From Experience to Meaning* . . . Accessed August 2023. theeconomyofmeaning.com/2015/08/03/whats-the-link-between-jennifer-anniston-and-how-our-memory-works

Clark, Lucy. "HGTV Confirms What We Suspected All Along About Home Renovation Shows." *House Digest*, February 2, 2022. housedigest.com/755007/hgtv-confirms-what-we-suspected-all-along-about-home-renovation-shows

Clavin, Thomas. "The Good and Bad of Indulging in Fantasy and Daydreaming." *New York Times*, July 28, 1996. https://www.nytimes.com/1996/07/28/nyregion/the-good-and-bad-of-indulging-in-fantasy-and-daydreaming.html

Douglas, Sylvie. "Gen Z's Dream Job in the Influencer Industry." *The Indicator from Planet Money*, NPR, April 26, 2023. npr.org/transcripts/1170524085

Ducharme, Jamie. "Why People Are Obsessed with the Royals, According to Psychologists." *Time*, May 16, 2018. time.com/5253199/royal-obsession-psychology

Editors of Encyclopaedia Britannica. "Bernie Madoff: American Hedge-Fund Investor." *Encyclopedia Britannica*. Accessed August 2023. britannica.com/biography/Bernie-Madoff

"Finding Top Influencers: 4 Influencer Statistics to Look For." Traackr, March 16,

2023. traackr.com/blog/finding-top-influencers-influencer-statistics

Golodryga, Bianna, and Jonann Brady. "Spielberg Among the Big Names Allegedly Burned by Madoff in $50 Billion Fraud Case." *ABC News*, December 15, 2008. abcnews.go.com/GMA/story?id=6463587

Gordon, Marcy, and the Associated Press. "How Ponzi King Bernie Madoff Conned Investors and Seduced Regulators." *Fortune*, April 15, 2021. https://fortune.com/2021/04/15/how-ponzi-king-bernie-madoff-conned-investors-and-seduced-regulators/

Guggenheim, Davis, dir. *An Inconvenient Truth*. Paramount Classics and Participant Productions, 2006.

Hassabis, Demis, Dharshan Kumaran, and Eleanor A. Maguire. "Using Imagination to Understand the Neural Basis of Episodic Memory." *Journal of Neuroscience* 27, no. 52 (December 2007): 14365–74. jneurosci.org/content/27/52/14365/tab-figures-data

Henrich, Joseph, and Francisco J. Gil-White. "The Evolution of Prestige: Freely Conferred Deference as a Mechanism for Enhancing the Benefits of Cultural Transmission." *Evolution and Human Behavior* 22, no. 3 (May 2001): 165–196. doi.org/10.1016/S1090-5138(00)00071-4

Henriques, Diana B., and Alex Berenson. "The 17th Floor, Where Wealth Went to Vanish." *New York Times*, December 14, 2008. https://www.nytimes.com/2008/12/15/business/15madoff.html

"In Depth: Topics A to Z—Environment." Gallup. Accessed August 2023. news.gallup.com/poll/1615/environment.aspx

"Industry Demographics." Fantasy Sports & Gaming Association. Accessed August 2023. thefsga.org/industry-demographics

The Influencer Report: Engaging Gen Z and Millennials. Morning Consult, November 2019. morningconsult.com/wp-content/uploads/2019/11/The-Influencer-Report-Engaging-Gen-Z-and-Millennials.pdf

Israel, Sarah. "Top Influencers in 2023: Who to Watch and Why They're Great." Hootsuite, February 14, 2023. blog.hootsuite.com/top-influencers

Johnston, Laura W. "How *An Inconvenient Truth* Expanded the Climate Change Dialogue and Reignited an Ethical Purpose in the United States." Master's thesis, Georgetown University, 2013. hdl.handle.net/10822/558371

Kammerlohr, Emily. "How Home Renovation Shows Have Changed Homebuying Trends." *House Digest*, January 31, 2023. housedigest.com/723791/how-home-renovation-shows-have-changed-homebuying-trends

Kiger, Patrick J. "What 'An Inconvenient Truth' Got Right (and Wrong) About Climate Change." HowStuffWorks, May 12, 2021. science.howstuffworks.com/environmental/conservation/conservationists/inconvenient-truth-sequel-al-gore.htm

Kurzius, Rachel. "HGTV Is Making Our Homes Boring and Us Sad, One Study Says." *Washington Post*, July 7, 2023. www.washingtonpost.com/home/2023/07/07/hgtv-makes-homes-boring-sad/

Lefton, Terry. "The Story Behind Gatorade's Iconic Jordan Campaign." *Sports Business Journal*, October 11, 2021. sportsbusinessjournal.com/Journal/Issues/2021/10/11/In-Depth/Gatorade/

Majd, Azadeh Hosseini. "10 Best Makeup Influencers to Watch in 2023." Hoothemes, March 11, 2023. hoothemes.com/makeup-influencers

"Market Size of the Fantasy Sports Sector in the United States from 2013 to 2022, with a Forecast for 2023." Statista, May 11, 2023. statista.com/statistics/1175890/fantasy-sports-service-industry-market-size-us

Marlon, Jennifer, Liz Neyens, Martial Jefferson, Peter Howe, Matto Mildenberger, and Anthony Leiserowitz. "Yale Climate Opinion Maps 2021." Yale Program on Climate Change Communication, February 23, 2022. climatecommunication.yale.edu/visualizations-data/ycom-2021-pptx/yale-climate-opinion-maps-2021/

McMarlin, Shirley. "How Popular Is Taylor Swift? It's the 2023 Version of Beatlemania." *TribLive*, June 13, 2023. triblive.com/aande/music/theres-something-about-taylor-swift-fans-explain-singers-mass-appeal/

Moscatello, Caitlin. "Welcome to the Era of Very Earnest Parenting." *New York Times*, May 13, 2023, updated May 31, 2023. nytimes.com/2023/05/13/style/millennial-earnest-parenting.html

"Most Valuable Fashion Brands." FashionUnited. Accessed August 2023. fashionunited.com/i/most-valuable-fashion-brands

NPR Staff. "Transcript: Greta Thunberg's Speech at the U.N. Climate Action Summit." NPR, September 23, 2019. npr.org/2019/09/23/763452863/transcript-greta-thunbergs-speech-at-the-u-n-climate-action-summit

"Number of Fantasy Sports Players in the United States from 2015 to 2022." Statista, May 11, 2023. statista.com/statistics/820976/fantasy-sports-players-usa

"Parahippocampal Gyrus." ScienceDirect. Accessed August 2023. sciencedirect.com/topics/neuroscience/parahippocampal-gyrus

Pompliano, Joe. "How Four Scientists Created Gatorade and Became Billionaires." *Huddle Up*, March 6, 2023. https://huddleup.substack.com/p/how-four-scientists-created-gatorade

Saad, Lydia. "Global Warming Attitudes Frozen Since 2016." Gallup, April 5, 2021. news.gallup.com/poll/343025/global-warming-attitudes-frozen-2016.aspx

Sabherwal, Anandita, and Sander van der Linden. "Great Thunberg Effect: People Familiar with Young Climate Activist May Be More Likely to Act." *The Conversation*, February 4, 2021. theconversation.com/greta-thunberg-effect-people-familiar-with-young-climate-activist-may-be-more-likely-to-act-154146

Schaedler, Jeremy. "How Obsessed with Zillow Are You? A Survey." Surety First,

April 7, 2021. californiacontractorbonds.com/house-hunting-zillow-users/

Sheridan, Adam. "The Power of You: Why Distinctive Brand Assets Are a Driving Force of Creative Effectiveness." Ipsos, February 2020. ipsos.com/sites/default/files/2022-03/power-of-you-ipsos.pdf

Silver, Laura. "Americans See Different Global Threats Facing the Country Now Than in March 2020." Pew Research Center, June 6, 2022. pewresearch.org/short-reads/2022/06/06/americans-see-different-global-threats-facing-the-country-now-than-in-march-2020/

Target Corporation. "Target Corporation Reports Fourth Quarter and Full- Year 2022 Earnings." Press release, February 28, 2023. corporate.target.com/press/release/2023/02/target-corporation-reports-fourth-quarter-and-full

"Taylor Swift: The Eras Tour Onsale Explained." Ticketmaster Business, November 19, 2022. business.ticketmaster.com/press-release/taylor-swift-the-eras-tour-onsale-explained/

Terrell, Ellen. "The Black Monday Stock Market Crash." Library of Congress. Accessed August 2023. guides.loc.gov/this-month-in-business-history/october/black-monday-stock-market-crash

"Then. Now. Always." Folgers. Accessed August 2023. folgerscoffee.com/our-story/history

"US Influencer Marketing Spend (2019– 2024)." Oberlo. Accessed August 2023. oberlo.com/statistics/influencer-marketing-spend

Vann, Seralynne D., John P. Aggleton, and Eleanor A. Maguire. "What Does the Retrosplenial Cortex Do?" *Nature Reviews Neuroscience* 10 (2009): 792–802. doi.org/10.1038/nrn2343

"Ventromedial Prefrontal Cortex." ScienceDirect. Accessed August 2023. sciencedirect.com/topics/neuroscience/ventromedial-prefrontal-cortex

"What Were the Most Popular Perfumes in the '70s?" Fragrance Outlet. Accessed August 2023. fragranceoutlet.com/blogs/article/what-were-the-most-popular-perfumes-in-the-70s

"When Was the Word 'Influencer' Added to the Dictionary?" Atisfyreach. Accessed August 2023. resources.atisfyreach.com/when-was-the-word-influencer-added-to-the-dictionary/

Wilson, Randy. "Maxwell House Coffee History." FoodEditorials. Accessed August 2023. streetdirectory.com/food_editorials/beverages/coffee/maxwell_house_coffee_history.html

Yang, Stephanie. "5 Years Ago Bernie Madoff Was Sentenced to 150 Years in Prison—Here's How His Scheme Worked." *Business Insider India*, July 2, 2014. businessinsider.in/5-years-ago-bernie-madoff-was-sentenced-to-150-years-in-prison-heres-how-his-scheme-worked/articleshow/37604176.cms

"Zillow.com." Similarweb. Accessed August 2023. similarweb.com/website/zillow.com/#traffic

8 引進新客群

Ballard, John. "3 Reasons Lululemon's Growth Is Accelerating." *Motley Fool*, June 10, 2021. fool.com/investing/2021/06/10/3-reasons-lululemons-growth-is-accelerating/

Brusselmans, Guy, John Blasberg, and James Root. "The Biggest Contributor to Brand Growth." Bain & Company, March 19, 2014. https://www.bain.com/insights/the-biggest-contributor-to-brand-growth/

Evans, Jonathan. "Lululemon's ABC Pants Are a Cult Classic for a Reason." *Esquire*, October 26, 2022. esquire.com/style/mens-fashion/a41779660/lululemon-abc-pants-review-endorsement/

Faria, Julia. "Loyalty Management Market Size Worldwide from 2020 to 2029." Statista, July 18, 2023. statista.com/statistics/1295852/loyalty-management-market-size-world

Gallagher, Jacob. "A Secret to Lululemon's Success? Men Who Are Obsessed with Its Pants." *Wall Street Journal*, August 15, 2022. wsj.com/articles/lululemon-mens-pants-abc-commission-customer-growth-11660345934

"History." Lululemon. Accessed August 2023. info.lululemon.com/about/our-story/history

Kavilanz, Parija. "Got a Stash of Bed Bath & Beyond Coupons? You'd Better Use Them Soon." *CNN Business*, January 6, 2023. edition.cnn.com/2023/01/06/business/bed-bath-beyond-coupon-future/index.html

Lululemon Athletica. "lululemon athletica inc. Announces Fourth Quarter and Full Year Fiscal 2022 Results." Press release, March 28, 2023. corporate.lululemon.com/media/press-releases/2023/03-28-2023-210523147

Meyersohn, Nathaniel. "Bed Bath & Beyond Plans to Liquidate All Inventory and Go Out of Business." *CNN Business*, April 24, 2023. edition.cnn.com/2023/04/23/business/bed-bath-beyond-bankruptcy/index.html

Morris, Chris. "Overstock Rebrands as Bed Bath & Beyond—and the Big Blue Coupon Lives On." *Fast Company*, August 1, 2023. fastcompany.com/90931179/overstock-branding-bed-bath-beyond-coupon-lives-on

"Our Heritage—Celebrating the Last 75 Years." Tide. Accessed August 2023. tide.com/en-us/our-commitment/americas-number-one-detergent/our-heritage

Petruzzi, Dominique. "Leading Home Care Brands' Household Penetration Rates in the United States in 2022." Statista, June 13, 2023. statista.com/statistics/945305/home-care-brands-household-penetration-rates-us

Reichheld, Frederick F. "The One Number You Need to Grow." *Harvard Business Review*, December 2003. hbr.org/2003/12/the-one-number-you-need-to-grow

Tighe, D. "Total Number of Lululemon Athletica Stores Worldwide from 2019 to 2022, by Country." Statista, May 11, 2023. statista.com/statistics/291231/number-of-lululemon-stores-worldwide-by-country

Wilson, Chip. "Lululemon Athletica: Chip Wilson." Interview by Guy Raz. *How I Built This*, NPR, June 18, 2018. npr.org/2018/06/14/620113439/lululemon-athletica-chip-wilson

9 拋下行銷漏斗
Blakely, Lindsay. "How a $4,500 YouTube Video Turned into a $1 Billion Company." *Inc.*, July 2017. inc.com/magazine/201707/lindsay-blakely/how-i-did-it-michael-dubin-dollar-shave-club.html

Costa, Elisio, Anna Giardini, Magda Savin, et. al. "Interventional Tools to Improve Medication Adherence: Review of Literature." *Patient Preference and Adherence* 9 (September 2015): 1303–1314. doi.org/10.2147/PPA.S87551

Dollar Shave Club. "Our Blades Are F***ing Great." YouTube, March 6, 2012. youtube.com/watch?v=ZUG9qYTJMsI

George, Maureen, and Bruce Bender. "New Insights to Improve Treatment Adherence in Asthma and COPD." *Patient Preference and Adherence* 13 (2019): 1325–1334. doi.org/10.2147/PPA.S209532

Handley, Rachel. "The Marketing Funnel: What It Is & How It Works." *Semrush Blog*, March 3, 2023. www.semrush.com/blog/marketing-funnel/

Kim, Jennifer, Kelsy Combs, Jonathan Downs, and Frank Tillman III. "Medication Adherence: The Elephant in the Room." *U.S. Pharmacist*, November 2023. uspharmacist.com/article/medication-adherence-the-elephant-in-the-room

Klein, Dan. "Medication Non- adherence: A Common and Costly Problem." PAN Foundation, June 2, 2020. panfoundation.org/medication-non-adherence/

"Marketing Funnel." Sprout Social. Accessed August 2023. sproutsocial.com/glossary/marketing-funnel

Matthews, Chris, and Andrea Mitchell. " 'Hardball with Chris Matthews' for July 27 11 pm." *NBC News*, July 28, 2004. nbcnews.com/id/wbna8551783

Obama, Barack. "Barack Obama's Keynote Address at the 2004 Democratic National Convention." *PBS NewsHour*, July 27, 2004. pbs.org/newshour/show/barack-obamas-keynote-address-at-the-2004-democratic-national-convention

Parkes, Gary, Trisha Greenhalgh, Mark Griffin, and Richard Dent. "Effect on Smoking Quit Rate of Telling Patients Their Lung Age: The Step2quit Randomized Controlled Trial." *BMJ*, March 13, 2008. bmj.com/content/336/7644/598/rapid-responses

Ritson, Mark. "If You Think the Sales Funnel Is Dead, You've Mistaken Tactics for Strategy." *MarketingWeek*, April 6, 2016. marketingweek.com/mark-ritson-if-you-think-the-sales-funnel-is-dead-youve-mistaken-tactics-for-strategy/

Ronald Reagan Presidential Foundation & Institute. "October 21, 1984: Reagan Quotes and Speeches: Debate Between the President and Former Vice President Walter F. Mondale in Kansas City, Missouri." Accessed August 2023.

reaganfoundation.org/ronald-reagan/reagan-quotes-speeches/debate-between-the-president-and-former-vice-president-walter-f-mondale-in-kansas-city-missouri

"Sales Funnel vs. Marketing Funnel: What's the Difference?" *LinkedIn Sales Blog*, July 13, 2022. linkedin.com/business/sales/blog/management/sales-funnel-versus-marketing-funnel

Sepulvado, John. "Obama's 'Overnight Success' in 2004 Was a Year in the Making." *OPB*, May 19, 2016. opb.org/news/series/election-2016/president-barack-obama-2004-convention-speech-legacy/

"U.S. Razor Market." Prescient & Strategic Intelligence, June 2022. psmarketresearch.com/market-analysis/us-razor-market-demand

Weissmann, Jordan. "Beyond the Bayonets: What Romney Had Right and Wrong About Our Navy." *The Atlantic*, October 23, 2012. https://www.theatlantic.com/business/archive/2012/10/beyond-the-bayonets-what-romney-had-right-and-wrong-about-our-navy/264025/

10 打造不朽的品牌

Abelson, Reed. "Wal- Mart's Health Care Struggle Is Corporate America's, Too." *New York Times*, October 29, 2005. nytimes.com/2005/10/29/business/businessspecial2/walmarts-health-care-struggle-is-corporate.html

"Axe." Unilever. Accessed August 2023. unileverusa.com/brands/personal-care/axe

Baertlein, Lisa. "U.S. Grocers Add Plexiglass Sneeze Guards to Protect Cashiers from Coronavirus." Reuters, March 30, 2020. reuters.com/article/world/us/us-grocers-add-plexiglass-sneeze-guards-to-protect-cashiers-from-coronavirus-idUSKBN21H3G0/

Baker, Jackson, and Anjali Ayyappan. "Walmart's History and Economic Cycle." Sutori. Accessed August 2023. sutori.com/en/story/walmart-s-history-and-economic-cycle--FiQ3F95hiKoeeF41hWDmDYdD

Barrera, Daniela. "Walmart Minimum Wages: How Much Did the Retail Giant Increase Their Employees' Wages By?" *AS USA*, May 9, 2023. nytimes.com/2023/01/24/business/walmart-minimum-wage.html

Blodget, Henry. "Walmart Employs 1% of America. Should It Be Forced to Pay Its Employees More?" *Business Insider*, September 20, 2010. businessinsider.com/walmart-employees-pay

Bomey, Nathan. "Walmart Boosts Minimum Wage Again, Hands Out $1,000 Bonuses." *USA Today*, January 11, 2018. usatoday.com/story/money/2018/01/11/walmart-boosts-minimum-wage-11-hands-out-bonuses-up-1-000-hourly-workers/1023606001/

Brown, Abram. "Facebook's New Metaverse Project Will Cost 'Billions' of Dollars." *Forbes*, July 28, 2021. forbes.com/sites/abrambrown/2021/07/28/facebook-metaverse/

Brown, Stillman. "Twenty 100+ Year Old American Brands Still Making Awesome, Authentic Products." *Primer.* Accessed August 2023. primermagazine.com/2020/learn/100-year-old-american-brands

Church, Bianca. "Iconic Brands That Have Prospered for over 100 Years." *Truly Belong*, November 16, 2020. trulybelong.com/lifestyle/2020/11/16/iconic-brands-that-have-prospered-for-over-100-years/

Conick, Hal. "Philip Kotler, the Father of Modern Marketing, Will Never Retire." American Marketing Association, December 12, 2018. ama.org/marketing-news/philip-kotler-the-father-of-modern-marketing-will-never-retire/

Fitzpatrick, Alex and Erin Davis. "The Most Popular Grocery Stores in the U.S." *Axios*, April 20, 2023. axios.com/2023/04/20/most-popular-grocery-stores

"Fortune 500: Walmart, Rank 1." *Fortune.* Accessed August 2023. fortune.com/company/walmart/fortune500

Goddiess, Samantha. "10 Largest Paper Towel Brands in the United States." Zippia, June 16, 2021. zippia.com/advice/largest-paper-towel-brands

Guest Writer Series. "The History of Old Spice." The Razor Company, May 10, 2023. therazorcompany.com/blogs/history-of-wet-shaving/the-history-of-old-spice

Harris, Richard. "White House Announces New Social Distancing Guidelines Around Coronavirus." NPR, March 16, 2020. npr.org/2020/03/16/816658125/white-house-announces-new-social-distancing-guidelines-around-coronavirus

Hern, Alex. "Mark Zuckerberg's Metaverse Vision Is Over. Can Apple Save It?" *The Guardian*, May 21, 2023. theguardian.com/technology/2023/may/21/mark-zuckerbergs-metaverse-vision-is-over-can-apple-save-it

Hess, Amanda. "The Pandemic Ad Salutes You." *New York Times*, May 22, 2020, updated May 28, 2020. nytimes.com/2020/05/22/arts/pandemic-ads-salute-you.html

Kim, Lisa. "Facebook Announces New Name: Meta." *Forbes*, October 28, 2021. forbes.com/sites/lisakim/2021/10/28/facebook-announces-new-name-meta/

Kurtzleben, Danielle. "Walmart Struggles to Overcome Environmental Criticism." *U.S. News & World Report*, April 20, 2012. usnews.com/news/articles/2012/04/20/walmart-struggles-to-overcome-environmental-criticism

Leone, Chris. "How Much Should You Budget for Marketing in 2023?" WebStrategies, November 11, 2022. webstrategiesinc.com/blog/how-much-budget-for-online-marketing

"Location Facts." Walmart Corporate. Accessed August 2023. corporate.walmart.com/about/location-facts

Meisenzahl, Mary. "Walmart Grew Ecommerce Sales 24% in Q2." Digital Commerce 360, August 17, 2023. digitalcommerce360.com/2023/08/17/walmart-online-sales-q2/

Neff, Jack. "The Battle of the Brands: Old Spice vs. Axe." *AdAge*, November 17, 2008. adage.com/article/news/battle-brands-spice-axe/132559/

"Old Spice Guy Brings 107% Increase in Sales." Kinesis. Accessed August 2023. kinesisinc.com/old-spice-guy-brings-107-increase-in-sales/

"Old Spice: Smell Like a Man, Man." Wieden+Kennedy, February 2010. wk.com/work/old-spice-smell-like-a-man-man/

"The Procter & Gamble Company—Company Profile, Information, Business Description, History, Background Information on the Procter & Gamble Company." Reference for Business Company History Index. Accessed August 2023. referenceforbusiness.com/history2/83/The-Procter-Gamble-Company.html

"Procter & Gamble Revenue 2010–2023 | PG." Macrotrends. Accessed August 2023. macrotrends.net/stocks/charts/PG/procter-gamble/revenue

Rupe, Susan. "How Walmart Is Taking On the Cost of Employee Health Care with 'Innovation.' " *Insurance Newsnet*, March 16, 2023. insurancenewsnet.com/innarticle/how-walmart-is-taking-on-the-cost-of-employee-health-care-with-innovation

Segal, Edward. "How Walmart Is Responding to Covid- Related Challenges." *Forbes*, September 1, 2021. forbes.com/sites/edwardsegal/2021/09/01/how-covid-repeatedly-put-walmart-to-the-test/

Smith, Matt. "Store and Club Associates Adapt After the First Week of Social Distancing." Walmart Corporate Affairs, March 24, 2020. corporate.walmart.com/news/2020/03/24/store-and-club-associates-adapt-after-the-first-week-of-social-distancing

Spector, Nicole. "100- Year- Old Companies Still in Business Today." GOBankingRates, June 5, 2023. gobankingrates.com/money/business/big-name-brands-around-century/

Tighe, D. "Leading 100 Retailers in the United States in 2022, Based on U.S. Retail Sales." Statista, July 12, 2023. statista.com/statistics/195992/usa-retail-sales-of-the-top-retailers

"US Digital Ad Spend Grew Faster Last Year Than at Any Point in the Previous 15 Years." Marketing Charts, May 18, 2022. marketingcharts.com/advertising-trends/spending-and-spenders-225723

Valinsky, Jordan. "Walmart, Albertsons, Kroger and Whole Foods are Adding Sneeze Guards to Checkout Lanes." *CNN Business*, November 23, 2020. edition.cnn.com/2020/03/25/business/walmart-kroger-changes-coronavirus-wellness/index.html

"Walmart Revenue 2010– 2023 | WMT." Macrotrends. Accessed August 2023. macrotrends.net/stocks/charts/WMT/walmart/revenue

國家圖書館出版品預行編目（CIP）資料

大腦喜歡這樣行銷：和潛意識合作，創造多層次好感，成為顧客的直覺首選／萊斯莉・詹恩（Leslie Zane）著；許恬寧譯. -- 第一版. -- 臺北市：天下雜誌股份有限公司, 2025.05
292 面；14.8×21 公分. --（天下財經；579）
譯自：The power of instinct : the new rules of persuasion in business and life.
ISBN 978-626-7468-99-9（平裝）

1. CST：行銷心理學

496.5　　　　　　　　　　　　　　　　　　114004230

天下財經 579

大腦喜歡這樣行銷
和潛意識合作，創造多層次好感，成為顧客的直覺首選
The Power of Instinct: The New Rules of Persuasion in Business and Life

作　　者／萊斯莉・詹恩（Leslie Zane）
譯　　者／許恬寧
封面設計／FE設計
內頁排版／邱介惠
責任編輯／王惠民

天下雜誌群創辦人／殷允芃
天下雜誌董事長／吳迎春
出版部總編輯／吳韻儀
出 版 者／天下雜誌股份有限公司
地　　址／台北市 104 南京東路二段 139 號 11 樓
讀者服務／（02）2662-0332　傳真／（02）2662-6048
天下雜誌GROUP網址／ http://www.cw.com.tw
劃撥帳號／01895001天下雜誌股份有限公司
法律顧問／台英國際商務法律事務所・羅明通律師
製版印刷／中原造像股份有限公司
總 經 銷／大和圖書有限公司　電話／（02）8990-2588
出版日期／2025 年 5 月13日第一版第一次印行
定　　價／450 元

THE POWER OF INSTINCT
Copyright © 2024 by Leslie Zane
Triggers®, Brand Triggers®, Growth Triggers®, Image Triggers®, Distinctive Brand Triggers®, Brand Connectome®, and Brain Branching® are registered service marks of Leslie Zane Consulting, Inc.

Verbal Triggers™, Instinctive Advantage™, Taste Triggers™, Auditory Triggers™, and Olfactory Triggers™ are common law service marks of Leslie Zane Consulting, Inc.
Complex Chinese Translation copyright © 2025 by CommonWealth Magazine Co., Ltd.
This edition published by arrangement with PublicAffairs, an imprint of Perseus Books, LLC, a subsidiary of Hachette Book Group, Inc., New York, NY, USA.
through Bardon-Chinese Media Agency
博達著作權代理有限公司
ALL RIGHTS RESERVED

書　號：BCCF0579P
ISBN：978-626-7468-99-9（平裝）

直營門市書香花園　地址／台北市建國北路二段6巷11號　電話／02-2506-1635
天下網路書店　shop.cwbook.com.tw　電話／02-2662-0332　傳真／02-2662-6048
本書如有缺頁、破損、裝訂錯誤，請寄回本公司調換